11G101 及 12G901 图集综合应用丛书

# 平法钢筋算量

张　军　主编

江苏凤凰科学技术出版社

**图书在版编目(CIP)数据**

平法钢筋算量 / 张军主编. —南京:江苏凤凰科
学技术出版社,2015.4
(11G101 及 12G901 图集综合应用丛书 / 白雅君主编
)
ISBN 978-7-5537-3248-0

Ⅰ. ①平… Ⅱ. ①张… Ⅲ. ①钢筋混凝土结构—结构
计算 Ⅳ. ①TU375.01

中国版本图书馆 CIP 数据核字(2015)第 039866 号

11G101 及 12G901 图集综合应用丛书

**平法钢筋算量**

| | | |
|---|---|---|
| 主 编 | 张 军 |
| 项 目 策 划 | 凤凰空间/翟永梅 |
| 责 任 编 辑 | 刘屹立 |
| 特 约 编 辑 | 许闻闻 |

| | | |
|---|---|---|
| 出 版 发 行 | 凤凰出版传媒股份有限公司 |
| | 江苏凤凰科学技术出版社 |
| 出 版 社 地 址 | 南京市湖南路 1 号 A 楼,邮编:210009 |
| 出 版 社 网 址 | http://www.pspress.cn |
| 总 经 销 | 天津凤凰空间文化传媒有限公司 |
| 总 经 销 网 址 | http://www.ifengspace.cn |
| 经 销 | 全国新华书店 |
| 印 刷 | 天津泰宇印务有限公司 |

| | | |
|---|---|---|
| 开 本 | 710 mm×1 000 mm 1/16 |
| 印 张 | 13.75 |
| 字 数 | 301 000 |
| 版 次 | 2015 年 4 月第 1 版 |
| 印 次 | 2015 年 4 月第 1 次印刷 |

| | | |
|---|---|---|
| 标 准 书 号 | ISBN 978-7-5537-3248-0 |
| 定 价 | 33.00 元 |

图书如有印装质量问题,可随时向销售部调换(电话:022—87893668)。

# 本书编委会

主　　编　张　军
编　　委　陈　菊　段云峰　温晓杰　倪长也
　　　　　索　强　白雪影　刘　虎　孙　喆
　　　　　郭天琦　胡　畔　邹　雯　宋春亮

# 内容提要

　　本书依据《11G101－1》、《11G101－2》、《11G101－3》、《12G901－1》、《12G901－2》、《12G901－3》六本最新图集及《混凝土结构设计规范》（GB 50010—2010）、《建筑抗震设计规范》（GB 50011—2010）编写，主要内容包括独立基础、条形基础、筏形基础、柱构件、梁构件、剪力墙、板构件以及板式楼梯，本书内容丰富、通俗易懂、实用性强、方便查阅。

　　本书可供设计人员、施工技术人员、工程造价人员以及相关专业大中专师生学习参考。

# 前　言

　　平面整体法简称"平法"，所谓"平法"的表达式，是将结构构件尺寸和配筋按照平面整体表示法的制图规则直接表示在各类构件的结构平面布置图上，再与标准构件详图相配合，即构成完整的结构施工图。它改变了传统的结构构件从结构平面图中索引出来，再逐个绘置配筋详图的烦琐表示方法。随着 11G101 系列规范更新以后，12G901 系列规范也进行了更新。基于此，我们组织编写了此书，系统地对比讲解了 11G101 系列图集和 12G901 系列图集，方便相关工作人员学习平法钢筋知识。

　　本书依据《11G101—1》、《11G101—2》、《11G101—3》、《12G901—1》、《12G901—2》、《12G901—3》六本最新图集及《混凝土结构设计规范》(GB 50010—2010)、《建筑抗震设计规范》(GB 50011—2010)编写，主要内容包括独立基础、条形基础、筏形基础、柱构件、梁构件、剪力墙、板构件以及板式楼梯，本书内容丰富、通俗易懂、实用性强、方便查阅。本书可供设计人员、施工技术人员、工程造价人员以及相关专业大中专师生学习参考。

　　本书在编写过程中参考了许多优秀书籍、图集和有关国家标准，并得到了有关业内人士的大力支持，在此表示衷心的感谢。由于编者水平有限，书中错误、疏漏在所难免，恳请广大读者提出宝贵意见。

编者

2015 年 3 月

# 目　　录

# 1  独立基础

## 1.1  独立基础平法识图

### 1.1.1  独立基础的平面注写方式

独立基础的平面注写方式是指直接在独立基础平面布置图上进行数据项的标注,可分为集中标注和原位标注两部分内容。

**1. 集中标注**

普通独立基础和杯口独立基础的集中标注,是指在基础平面图上集中引注:基础编号、截面竖向尺寸、配筋三项必注内容,以及基础底面标高(与基础底面基准标高不同时)和必要的文字注解两项选注内容。

(1)基础编号

各种独立基础编号,见表 1-1。

**表 1-1  独立基础编号**

| 类型 | 基础底板截面形状 | 代号 | 序号 |
|---|---|---|---|
| 普通独立基础 | 阶形 | DJ$_J$ | ×× |
|  | 坡形 | DJ$_P$ | ×× |
| 杯口独立基础 | 阶形 | BJ$_J$ | ×× |
|  | 坡形 | BJ$_P$ | ×× |

注:当独立基础截面形状为坡形时,其坡面应采用能保证混凝土浇筑、振捣密实的较缓坡度。

当采用较陡坡度时,应要求施工采用在基础顶部坡面加模板等措施,以确保独立基础的坡面浇筑成型、振捣密实。

(2)截面竖向尺寸

1)普通独立基础(包括单柱独基和多柱独基)。

① 阶形截面。当基础为阶形截面时,注写方式为"$h_1/h_2/\cdots\cdots$",如图 1-1 所示(来自 11G101-3 第 8 页)。

当基础为单阶时,其竖向尺寸仅为一个,且为基础总厚度,如图 1-2 所示(来自

11G101－3 第 8 页）。

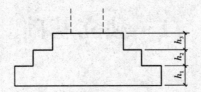

**图 1-1　阶形截面普通独立基础竖向尺寸注写方式**

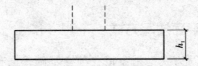

**图 1-2　单阶普通独立基础竖向尺寸注写方式**

　　② 坡形截面。当基础为坡形截面时，注写方式为"$h_1/h_2$"，如图 1-3 所示（来自 11G101－3 第 8 页）。

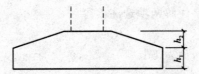

**图 1-3　坡形截面普通独立基础竖向尺寸注写方式**

　　2）杯口独立基础。

　　① 阶形截面。当基础为阶形截面时，其竖向尺寸分两组，一组表达杯口内，另一组表达杯口外，两组尺寸以","分隔，注写方式为"$a_0/a_1，h_1/h_2/\cdots\cdots$"，如图 1-4、图 1-5 所示（来自 11G101－3 第 8、9 页），其中杯口深度 $a_0$ 为柱插入杯口的尺寸加 50 mm。

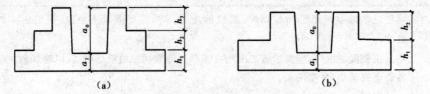

**图 1-4　阶形截面杯口独立基础竖向尺寸**
(a)注写方式（一）；(b)注写方式（二）

　　② 坡形截面。当基础为坡形截面时，注写方式为"$a_0/a_1，h_1/h_2/h_3/\cdots\cdots$"，如图 1-6、图 1-7 所示（来自 11G101－3 第 9 页）。

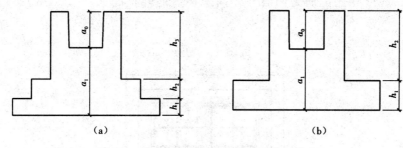

图 1-5　阶形截面高杯口独立基础竖向尺寸
(a)注写方式(一)；(b)注写方式(二)

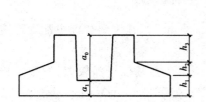

图 1-6　坡形截面杯口独立基础竖向尺寸

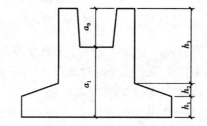

图 1-7　坡形截面高杯口独立基础竖向尺寸

(3) 配筋

1) 独立基础底板配筋。普通独立基础(单柱独基)和杯口独立基础的底部双向配筋注写方式如下：

① 以 B 代表各种独立基础底板的底部配筋。

② X 向配筋以 X 打头、Y 向配筋以 Y 打头注写；当两向配筋相同时，则以 X&Y 打头注写。

2) 杯口独立基础顶部焊接钢筋网。杯口独立基础顶部焊接钢筋网注写方式为：以 Sn 打头引注杯口顶部焊接钢筋网的各边钢筋。

当双杯口独立基础中间杯壁厚度小于 400 mm 时，在中间杯壁中配置构造钢筋可参见相应标准构造详图，设计不注。

3) 高杯口独立基础侧壁外侧和短柱配筋。高杯口独立基础侧壁外侧和短柱配筋注写方式为：

① 以 O 代表杯壁外侧和短柱配筋。

② 先注写杯壁外侧和短柱纵筋，再注写箍筋。注写方式为"角筋/长边中部筋/短边中部筋，箍筋(两种间距)"；当杯壁水平截面为正方形时，注写方式为"角筋/$x$ 边中部筋/$y$ 边中部筋，箍筋(两种间距，杯口范围内箍筋间距/短柱范围内箍筋间距)"。

③ 对于双高杯口独立基础的杯壁外侧配筋，注写方式与单高杯口相同，施工

区别在于杯壁外侧配筋为同时环住两个杯口的外壁配筋,如图 1-8 所示(来自 11G101－3 第 11 页)。

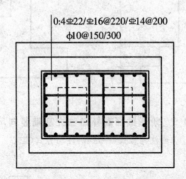

**图 1-8 双高杯口独立基础杯壁配筋示意**

当双高杯口独立基础中间杯壁厚度小于 400 mm 时,在中间杯壁中配置构造钢筋可参见相应标准构造详图,设计不注。

4)普通独立深基础短柱竖向尺寸及钢筋。当独立基础埋深较大,设置短柱时,短柱配筋应注写在独立基础中。具体注写方式如下:

① 以 DZ 代表普通独立深基础短柱。

② 先注写短柱纵筋,再注写箍筋,最后注写短柱标高范围。注写方式为"角筋/长边中部筋/短边中部筋,箍筋,短柱标高范围";当短柱水平截面为正方形时,注写方式为"角筋/$x$ 中部筋/$y$ 中部筋,箍筋,短柱标高范围"。

5)多柱独立基础顶部配筋。独立基础通常为单柱独立基础,也可为多柱独立基础(双柱或四柱等)。多柱独立基础的编号、几何尺寸和配筋的标注方法与单柱独立基础相同。

当为双柱独立基础时,通常仅基础底部配筋;当柱距离较大时,除基础底部配筋外,尚需在两柱间配置基础顶部钢筋或设置基础梁;当为四柱独立基础时,通常可设置两道平行的基础梁,需要时可在两道基础梁之间配置基础顶部钢筋。

多柱独立基础的底板顶部配筋注写方式为:

① 以 T 代表多柱独立基础的底板顶部配筋。注写格式为"双柱间纵向受力钢筋/分布钢筋"。当纵向受力钢筋在基础底板顶面非满布时,应注明其根数。

② 基础梁的注写规定与条形基础的基础梁注写方式相同。

③ 双柱独立基础的底板配筋注写方式,可以按条形基础底板的注写方式,也可以按独立基础底板的注写方式。

④ 配置两道基础梁的四柱独立基础底板顶部配筋注写方式。当四柱独立基础已设置两道平行的基础梁时,根据内里需要可在双梁之间及梁的长度范围内配置基础顶部钢筋,注写方式为"梁间受力钢筋/分布钢筋"。

（4）底面标高

当独立基础的底面标高与基础底面基准标高不同时,应将独立基础底面标高直接注写在"（ ）"内。

（5）必要的文字注解

当独立基础的设计有特殊要求时,宜增加必要的文字注解。例如,基础底板配筋长度是否采用减短方式等等,可在该项内注明。

**2. 原位标注**

钢筋混凝土和素混凝土独立基础的原位标注,是指在基础平面布置图上标注独立基础的平面尺寸。对相同编号的基础,可选择一个进行原位标注;当平面图形较小时,可将所选定进行原位标注的基础按比例适当放大;其他相同编号者仅注编号。下面按普通独立基础和杯口独立基础分别进行说明。

（1）普通独立基础

原位标注 $x$、$y$,$x_c$、$y_c$（或圆柱直径 $d_c$）,$x_i$、$y_i$,$i=1,2,3……$ 其中,$x$、$y$ 为普通独立基础两向边长,$x_c$、$y_c$ 为柱截面尺寸,$x_i$、$y_i$ 为阶宽或坡形平面尺寸（当设置短柱时,尚应标注短柱的截面尺寸）。

1）阶形截面。对称阶形截面普通独立基础原位标注识图,如图 1-9 所示（来自 11G101-3 第 12 页）。非对称阶形截面普通独立基础原位标注识图,如图 1-10 所示（来自 11G101-3 第 12 页）。

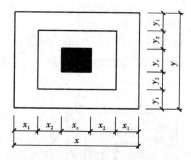

图 1-9 对称阶形截面普通
独立基础原位标注

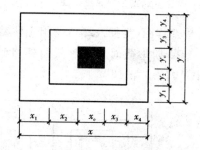

图 1-10 非对称阶形截面
普通独立基础原位标注

设置短柱普通独立基础原位标注识图,如图 1-11 所示。

2）坡形截面。对称坡形普通独立基础原位标注识图,如图 1-12 所示（来自 11G101-3 第 13 页）。非对称坡形普通独立基础原位标注识图,如图 1-13 所示（来自 11G101-3 第 13 页）。

（2）杯口独立基础

原位标注 $x$、$y$,$x_u$、$y_u$,$t_i$,$x_i$、$y_i$,$i=1,2,3……$ 其中,$x$、$y$ 为杯口独立基础两向边长,$x_u$、$y_u$ 为柱截面尺寸,$t_i$ 为杯壁厚度,$x_i$、$y_i$ 为阶宽或坡形截面尺寸。

杯口上口尺寸 $x_u$、$y_u$,按柱截面边长两侧双向各加 75 mm;杯口下口尺寸按标

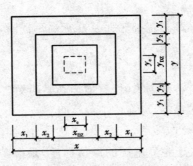

图 1-11  设置短柱普通独立基础原位标注

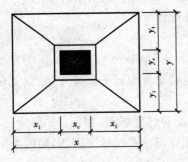

图 1-12  对称坡形截面普通
独立基础原位标注

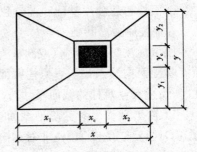

图 1-13  非对称坡形截面普通
独立基础原位标注

准构造详图（为插入杯口的相应柱截面边长尺寸，每边各加 50 mm），设计不注。

1）阶形截面。阶形截面杯口独立基础原位标注识图，如图 1-14 所示（来自 11G101－3 第 13 页）。

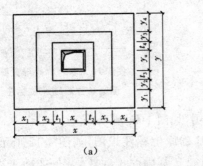

（a）

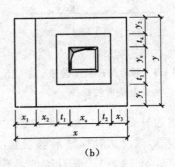

（b）

图 1-14  阶形截面杯口独立基础原位标注
（a）基础底板四边阶数相同；（b）基础底板的一边比其他三边多一阶

2）坡形截面。坡形截面杯口独立基础原位标注识图，如图 1-15 所示（来自 11G101－3 第 14 页）。

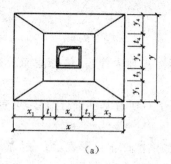
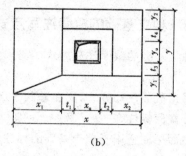

（a） （b）

**图 1-15 坡形截面杯口独立基础原位标注**

（a）基础底板四边均放坡；（b）基础底板有两边不放坡

（注：高杯口独立基础原位标注与杯口独立基础完全相同）

### 3. 平面注写方式识图

1）普通独立基础平面注写方式，如图 1-16 所示（来自 11G101－3 第 14 页）。

2）设置短柱独立基础平面注写方式，如图 1-17 所示（来自 11G101－3 第 15 页）。

3）杯口独立基础平面注写方式，如图 1-18 所示（来自 11G101－3 第 15 页）。

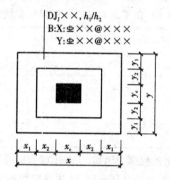

**图 1-16 普通独立基础平面注写方式**

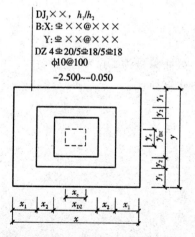

**图 1-17 设置短柱独立基础平面注写方式**

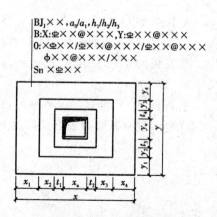

**图 1-18 杯口独立基础**

## 1.1.2 独立基础的截面注写方式

独立基础的截面注写方式,可分为截面标注和列表注写(结合截面示意图)两种表达方式。

采用截面注写方式,应在基础平面布置图上对所有基础进行编号,见表 1-1。

**1. 截面标注**

截面标注适用于单个基础的标注,与传统"单构件正投影表示方法"基本相同。对于已在基础平面布置图上原位标注清楚的该基础的平面几何尺寸,在截面图上可不再重复表达,具体表达内容可参照《11G101-3》图集中相应的标准构造。

**2. 列表标注**

列表标注主要适用于多个同类基础的标注的集中表达。表中内容为基础截面的几何数据和配筋等,在截面示意图上应标注与表中栏目相对应的代号。

1) 普通独立基础列表格式见表 1-2。

**表 1-2 普通独立基础几何尺寸和配筋表**

| 基础编号/截面号 | 截面几何尺寸 | | | | 底部配筋(B) | |
|---|---|---|---|---|---|---|
| | $x$、$y$ | $x_c$、$y_c$ | $x_i$、$y_i$ | $h_1/h_2/\cdots\cdots$ | X 向 | Y 向 |
| : | | | | | | |
| | | | | | | |

注:表中可根据实际情况增加栏目。例如:当基础底面标高与基础底面基准标高不同时,加注基础底面标高;当为双柱独立基础时,加注基础顶部配筋或基础梁几何尺寸和配筋;当设置短柱时增加短柱尺寸及配筋等。

表中各项栏目含义。

① 编号:阶形截面编号为 $DJ_J\times\times$,坡形截面编号为 $DJ_P\times\times$。

② 几何尺寸:水平尺寸 $x$、$y$,$x_c$、$y_c$(或圆柱直径 $d_c$),$x_i$、$y_i$,$i=1,2,3\cdots\cdots$ 竖向尺寸 $h_1/h_2/\cdots\cdots$。

③ 配筋:B:X:$\Phi\times\times@\times\times\times$,Y:$\Phi\times\times@\times\times\times$。

2) 杯口独立基础列表格式见表 1-3。

表 1-3 杯口独立基础几何尺寸和配筋表

| 基础编号/截面号 | 截面几何尺寸 | | | | 底部配筋(B) | | 杯口顶部钢筋网(Sn) | 杯壁外侧配筋(O) | |
| | $x$、$y$ | $x_c$、$y_c$ | $x_i$、$y_i$ | $a_0$、$a_1$,$h_1/h_2/h_3$ …… | X 向 | Y 向 | | 角筋/长边中部筋/短边中部筋 | 杯口箍筋/短柱箍筋 |
|---|---|---|---|---|---|---|---|---|---|
| | | | | | | | | | |
| | | | | | | | | | |
| | | | | | | | | | |
| | | | | | | | | | |
| | | | | | | | | | |

注:表中可根据实际情况增加栏目。如当基础底面标高与基础底面基准标高不同时,加注基础底面标高,或增加说明栏目等。

表中各项栏目含义。

① 编号:阶形截面编号为 BJ$_J$××,坡形截面编号为 BJ$_P$××。

② 几何尺寸:水平尺寸 $x$、$y$,$x_u$、$y_u$,$t_i$,$x_i$、$y_i$,$i=1,2,3$…… 竖向尺寸 $a_0$、$a_1$,$h_1/h_2/h_3$……

③ 配筋:B:X:$\underline{\Phi}$××@×××,Sn×$\underline{\Phi}$××。

O:×$\underline{\Phi}$××/$\underline{\Phi}$××@×××/$\underline{\Phi}$××@×××,$\phi$××@×××/×××。

# 1.2　独立基础钢筋构造

## 1.2.1　独立基础底板配筋构造特点

独立基础底板配筋构造适用于普通独立基础、杯口独立基础,其配筋构造如图 1-19 所示(来自 11G101-3 第 60 页)。

**1. X 向钢筋**

$$长度 = x - 2c$$

$$根数 = [y - 2 \times \min(75, s'/2)]/s' + 1$$

式中　$c$——钢筋保护层的最小厚度(mm);

$\min(75, s'/2)$——X 向钢筋起步距离(mm);

$s'$——X 向钢筋间距(mm)。

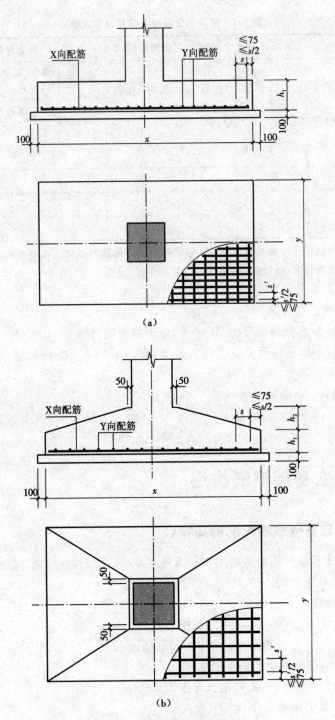

**图 1-19　独立基础底板配筋构造**

（a）阶形；（b）坡形

### 2. Y 向钢筋

$$长度＝y－2c$$

$$根数＝[x－2×\min(75,s/2)]/s＋1$$

式中　$c$——钢筋保护层的最小厚度(mm)；

　　$\min(75,s/2)$——Y 向钢筋起步距离(mm)；

　　$s$——Y 向钢筋间距(mm)。

除此之外,也可看出,独立基础底板双向交叉钢筋布置时,短向设置在上,长向设置在下。

## 1.2.2　双柱独立基础底板顶部配筋

双柱独立基础底板顶部配筋,由纵向受力钢筋和横向分布筋组成,如图 1-20 所示(来自 11G101－3 第 61 页)。

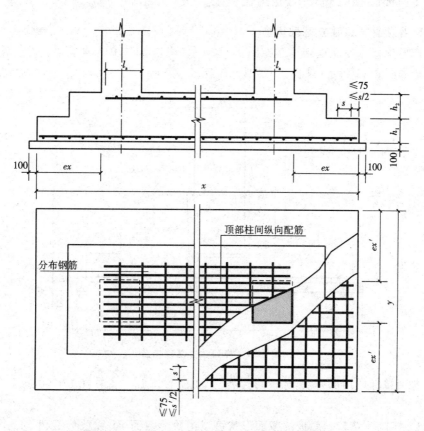

**图 1-20　双柱普通独立基础底部与顶部配筋构造**

1) 纵向受力钢筋。纵向受力钢筋长度为两柱之间净距内侧边＋两端锚固(每边锚固 $l_a$)。

2)横向分布筋。横向分布筋长度＝纵向受力筋布置范围长度＋两端超出受力筋外的长度(每边按 75 mm 取值)。

横向分布筋根数在纵向受力筋的长度范围内布置,起步距一般按"分布筋间距/2"考虑。分布筋位置宜设置在受力筋之下。

双柱独立基础底板底部配筋,由双向受力筋组成,钢筋构造要点如下:

1)沿双柱方向,在确定基础底板底部钢筋长度缩减 10% 时,基础底板长度应按减去两柱中心距尺寸后的长度取用。

2)钢筋位置关系。双柱普通独立基础底部双向交叉钢筋,根据基础两个方向从柱外缘至基础外缘的延伸长度 $ex$ 和 $ex'$ 的大小,较大者方向的钢筋设置在下,较小者方向的钢筋设置在上。而基础顶部双向交叉钢筋,则柱间纵向钢筋在上,柱间分布钢筋在下。

### 1.2.3 杯口独立基础钢筋排布构造

#### 1.普通单杯口独立基础构造

普通单杯口独立基础构造如图 1-21 所示(来自 11G101－3 第 64 页),钢筋排布构造如图 1-22 所示(来自 12G901－3 第 25 页)。

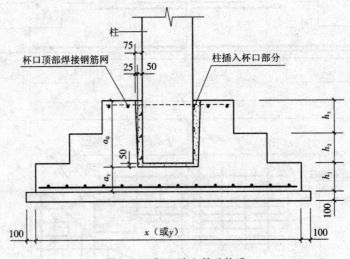

**图 1-21 杯口独立基础构造**

普通单杯口顶部焊接钢筋网片构造如图 1-23 所示(来自 12G901－3 第 25 页)。

1)杯口独立基础底板的截面形状可以为阶形截面 $BJ_J$ 或坡形截面 $BJ_P$。当为坡形截面且坡度较大时,应在坡面上安装顶部模板,以确保混凝土能够浇筑成型、振捣密实。

2)柱插入杯口部分的表面应凿毛,柱子与杯口之间的空隙用比基础混凝土强

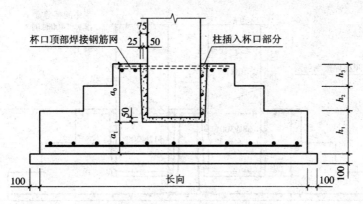

**图 1-22 杯口独立基础钢筋排布构造**

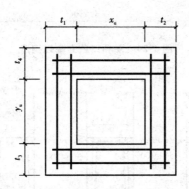

**图 1-23 普通单杯口顶部焊接钢筋网片构造**

度等级高一级的细石混凝土先填底部,将柱校正后灌注振实四周。

**2. 双杯口独立基础构造**

双杯口独立基础构造如图 1-24 所示(来自 11G101－3 第 64 页),钢筋排布构造如图 1-25 所示(来自 12G901－3 第 26 页)。

双杯口顶部焊接钢筋网片构造如图 1-26 所示(来自 12G901－3 第 26 页)。

1) 双杯口独立基础底板的截面形状可以为阶形截面 $BJ_J$ 或坡形截面 $BJ_P$。当为坡形截面且坡度较大时,应在坡面上安装顶部模板,以确保混凝土能够浇筑成型、振捣密实。

2) 当双杯口独立基础的中间杯壁宽度 $t_5 < 400$ mm 时,才设置图 1-25 中的构造钢筋。

**3. 高杯口独立基础构造**

高杯口独立基础杯壁和基础短柱配筋构造如图 1-27 所示(来自 11G101－3 第 65 页),钢筋排布构造如图 1-28 所示(来自 12G901－3 第 27 页)。

杯口独立基础底板的截面形状可以为阶形截面 $BJ_J$ 或坡形截面 $BJ_P$。当为坡

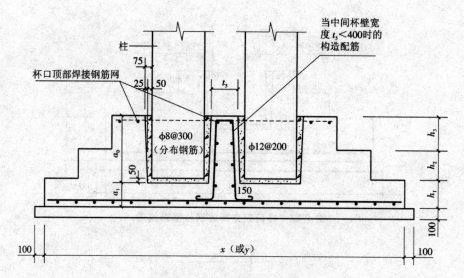

图 1-24　双杯口独立基础构造

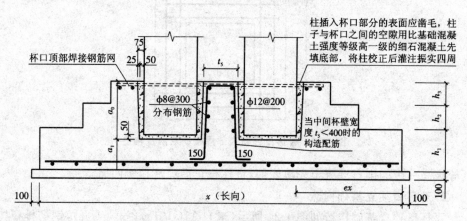

图 1-25　双杯口独立基础钢筋排布构造

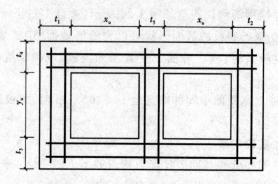

图 1-26　双杯口顶部焊接钢筋网片构造

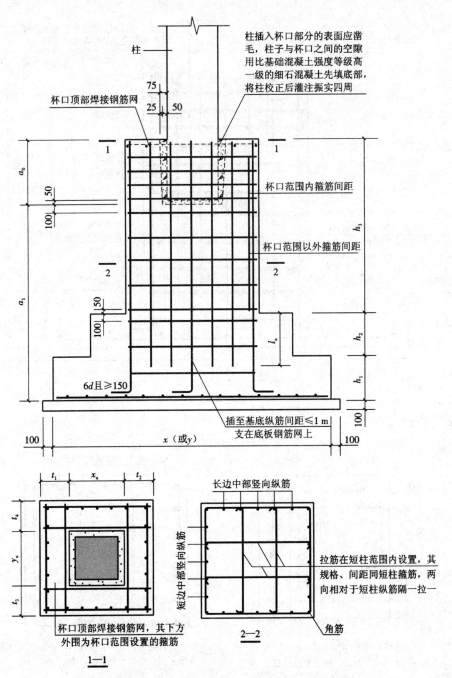

柱

杯口顶部焊接钢筋网

75
25 50

柱插入杯口部分的表面应凿毛,柱子与杯口之间的空隙用比基础混凝土强度等级高一级的细石混凝土先填底部,将柱校正后灌注振实四周

杯口范围内箍筋间距

杯口范围以外箍筋间距

$a_0$

50
100

$a_1$

50
100

$l_a$

6$d$且≥150

插至基底纵筋间距≤1 m
支在底板钢筋网上

$h_3$

$h_2$

$h_1$

100

100    $x$(或$y$)    100

$t_1$    $x_u$    $t_2$

$t_4$

$y_u$

$t_3$

杯口顶部焊接钢筋网,其下方外围为杯口范围设置的箍筋

1—1

长边中部竖向纵筋

短边中部竖向纵筋

拉筋在短柱范围内设置,其规格、间距同短柱箍筋,两向相对于短柱纵筋隔一拉一

角筋

2—2

**图 1-27 高杯口独立基础杯壁和基础短柱配筋构造**

形截面且坡度较大时,应在坡面上安装顶部模板,以确保混凝土能够浇筑成型、振捣密实。

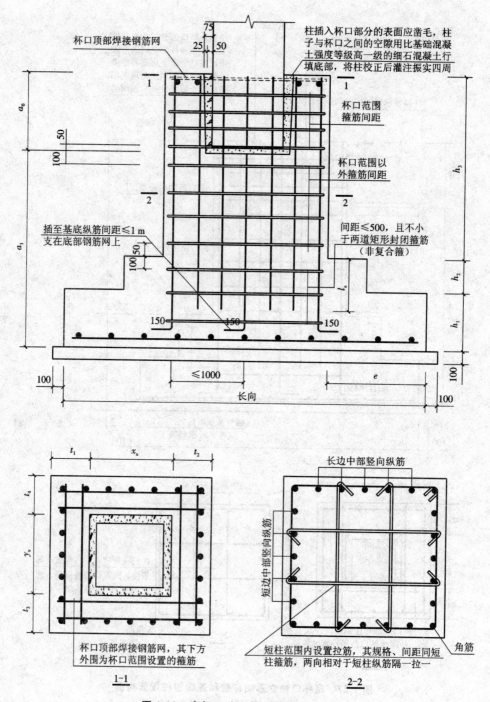

图 1-28 高杯口独立基础钢筋排布构造

**4. 高双杯口独立基础构造**

高双杯口独立基础杯壁和基础短柱配筋构造如图 1-29 所示(来自 11G101－3 第 66 页),钢筋排布构造如图 1-30 所示(来自 12G901－3 第 28、29 页)。

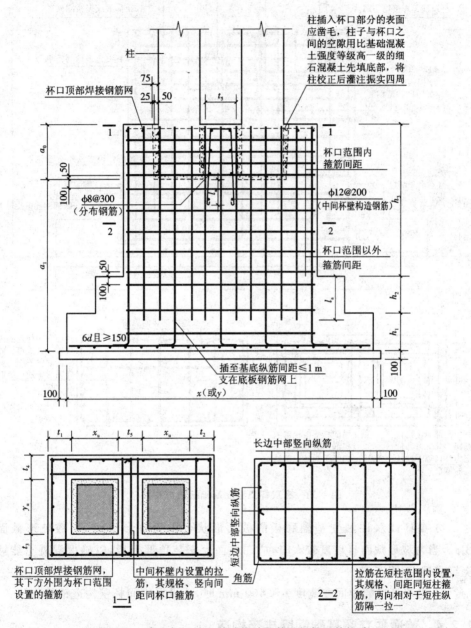

**图 1-29 高双杯口独立基础杯壁和基础短柱配筋构造**

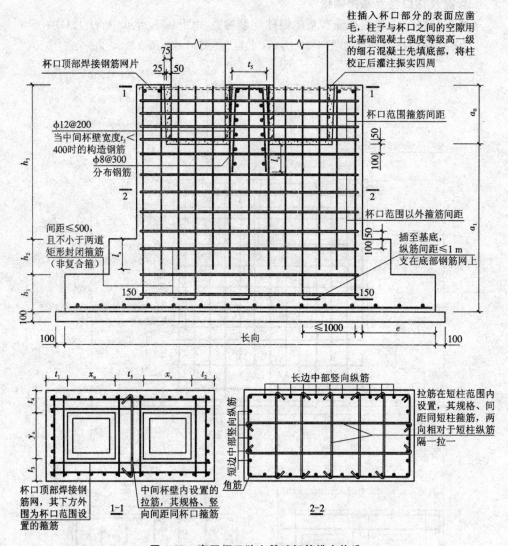

**图 1-30  高双杯口独立基础钢筋排布构造**

1) 高杯口双柱独立基础底板的截面形状可以为阶形截面 $BJ_J$ 或坡形截面 $BJ_P$。当为坡形截面且坡度较大时,应在坡面上安装顶部模板,以确保混凝土能够浇筑成型、振捣密实。

2) 当双杯口的中间壁宽度 $t_5<400$ mm 时,才设置中间杯壁构造钢筋。

## 1.2.4  普通独立深基础钢筋排布构造

**1. 单柱普通独立深基础短柱配筋构造**

单柱普通独立深基础短柱配筋构造如图 1-31 所示(来自 11G101-3 第 67

页),钢筋排布构造如图 1-32 所示(来自 12G901-3 第 30 页)。

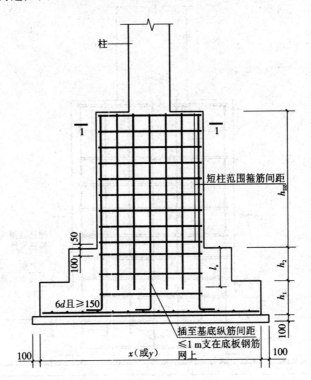

柱

短柱范围箍筋间距

$h_{短柱}$

50

100

$l_a$

$h_2$

$6d$ 且 $\geqslant 150$

$h_1$

插至基底纵筋间距
$\leqslant 1$ m支在底板钢筋
网上

100

100

$x$(或$y$)

100

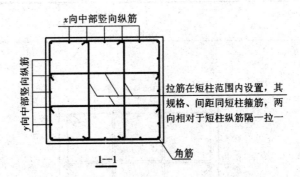

$x$向中部竖向纵筋

$y$向中部竖向纵筋

拉筋在短柱范围内设置,其
规格、间距同短柱箍筋,两
向相对于短柱纵筋隔一拉一

角筋

1—1

**图 1-31 单柱普通独立深基础短柱配筋构造**

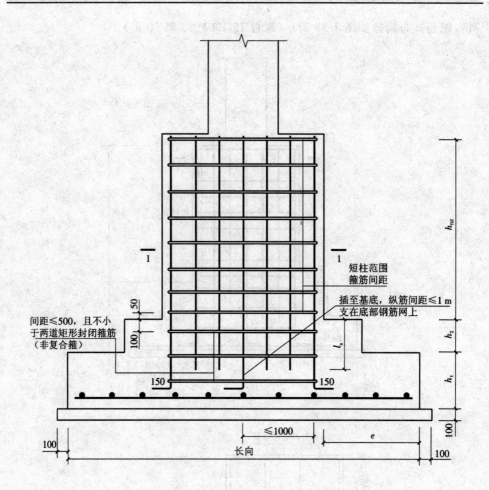

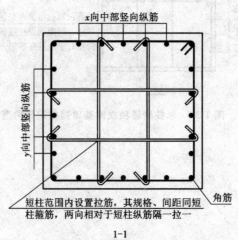

**图 1-32 单柱独立深基础钢筋排布构造**

1）单柱普通独立深基础底板的截面形式可为阶行截面 BJ<sub>J</sub>或坡形截面 BJ<sub>P</sub>。当为坡形截面且坡度较大时,应在坡面上安装顶部模板,以确保混凝土能够浇筑成型、振捣密实。

2）短柱角部纵筋和部分中间纵筋插至基底纵筋间距≤1 m 支在底板钢筋网上,其余中间的纵筋不插至基底,仅锚入基础 $l_a$。

3）短柱箍筋在基础顶面以上 50 mm 处开始布置;短柱在基础内部的箍筋在基础顶面以下 100 mm 处开始布置。

4）短柱范围内设置拉筋,其规格、间距同短柱箍筋,两向相对于短柱纵筋隔一拉一。如图 1-32 中"1—1"断面图所示。

5）几何尺寸和配筋按具体结构设计和本图构造确定。

**2.双柱普通独立深基础短柱配筋构造**

双柱普通独立深基础短柱配筋构造如图 1-33 所示(来自 11G101－3 第 68 页),钢筋排布构造如图 1-34 所示(来自 12G901－3 第 31 页)。

1）双柱普通独立深基础底板的截面形式可为阶行截面 BJ<sub>J</sub>或坡形截面 BJ<sub>P</sub>。当为坡形截面且坡度较大时,应在坡面上安装顶部模板,以确保混凝土能够浇筑成型、振捣密实。

2）短柱角部纵筋和部分中间纵筋插至基底纵筋间距≤1 m 支在底板钢筋网上,其余中间的纵筋不插至基底,仅锚入基础 $l_a$。

3）短柱箍筋在基础顶面以上 50 mm 处开始布置;短柱在基础内部的箍筋在基础顶面以下 100 mm 处开始布置。

4）如图 1-33 中"1—1"断面图所示,拉筋在短柱范围内设置,其规格、间距同短柱箍筋,两向相对于短柱纵筋隔一拉一。

5）几何尺寸和配筋按具体结构设计和本图构造确定。

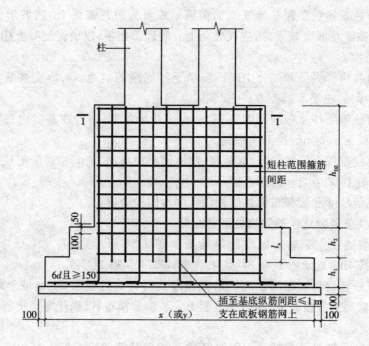

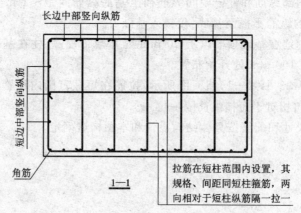

图 1-33 双柱普通独立深基础短柱配筋构造

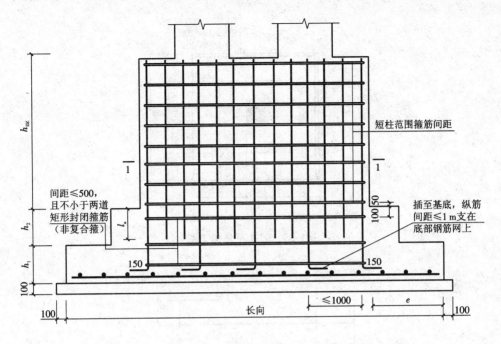

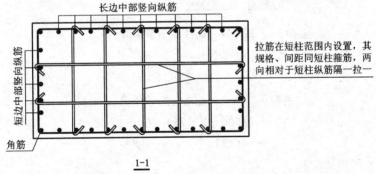

图 1-34 双柱独立深基础钢筋排布构造

# 1.3 独立基础钢筋计算实例

**【例 1-1】**

DJ<sub>J</sub>1 平法施工图,如图 1-35 所示,其剖面示意图如图 1-36 所示。求 DJ<sub>J</sub>1 的 X 向、Y 向钢筋。

**【解】**

(1) X 向钢筋

$$长度 = x - 2c = 3500 - 2 \times 40 = 3420 (\text{mm})$$

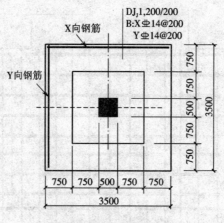

图 1-35　DJ$_J$1 平法施工图

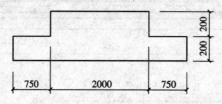

图 1-36　DJ$_J$1 剖面示意图

$$根数 = [y - 2 \times \min(75, s'/2)]/s' + 1$$
$$= (3500 - 2 \times 75)/200 + 1$$
$$= 18(根)$$

（2）Y 向钢筋

$$长度 = y - 2c = 3500 - 2 \times 40 = 3420(\text{mm})$$
$$根数 = [x - 2 \times \min(75, s/2)]/s + 1$$
$$= (3500 - 2 \times 75)/200 + 1$$
$$= 18(根)$$

# 2 条形基础

## 2.1 条形基础平法识图

### 2.1.1 基础梁的平面注写方式

基础梁的平面注写方式分为集中标注和原位标注两部分内容。

**1. 集中标注**

基础梁的集中标注内容包括基础梁编号、截面尺寸、配筋三项必注内容，以及基础梁底面标高（与基础底面基准标高不同时）和必要的文字注解两项选注内容。

（1）基础梁编号（必注）

基础梁编号，见表 2-1。

表 2-1　条形基础梁及底板编号

| 类型 | | 代号 | 序号 | 跨数及有无外伸 |
|---|---|---|---|---|
| 基础梁 | | JL | ×× | （××）端部无外伸 |
| 条形基础底板 | 阶形 | TJB$_P$ | ×× | （××A）一端有外伸 |
| | 坡形 | TJB$_J$ | ×× | （××B）两端有外伸 |

注：条形基础通常采用坡形截面或单阶形截面。

（2）基础梁截面尺寸（必注）

基础梁截面尺寸注写方式为"$b×h$"，表示梁截面宽度与高度。当为加腋梁时，注写方式为"$b×hYc_1×c_2$"，其中 $c_1$ 为腋长，$c_2$ 为腋高。

（3）基础梁配筋（必注）

1）基础梁箍筋。

① 当具体设计仅采用一种箍筋间距时，注写钢筋级别、直径、间距与肢数（箍筋肢数写在括号内，下同）。

② 当具体设计采用两种箍筋时，用"/"分隔不同箍筋，按照从基础梁两端向跨中的顺序注写。先注写第 1 段箍筋（在前面加注箍筋道数），在斜线后再注写第 2 段箍筋（不再加注箍筋道数）。

2）基础梁底部、顶部及侧面纵向钢筋。

① 以 B 打头,注写梁底部贯通纵筋(不应少于梁底部受力钢筋总截面面积的 1/3)。当跨中所注根数少于箍筋肢数时,需要在跨中增设梁底部架立筋以固定箍筋,采用"+"将贯通纵筋与架立筋相连,架立筋注写在加号后面的括号内。

② 以 T 打头,注写梁顶部贯通纵筋。注写时用分号";"将底部与顶部贯通纵筋分隔开,如有个别跨与其不同者按"基础梁原位标注"的规定处理。

③ 当梁底部或顶部贯通纵筋多于一排时,用"/"将各排纵筋自上而下分开。

注:a. 基础梁的底部贯通纵筋,可在跨中 1/3 净跨长度范围内采用搭接连接、机械连接或焊接。

b. 基础梁的顶部贯通纵筋,可在距柱根 1/4 净跨长度范围内采用搭接连接,或在柱根附近采用机械连接或焊接,且应严格控制接头百分率。

④ 以大写字母 G 打头注写梁两侧面对称设置的纵向构造钢筋的总配筋值(当梁腹板净高 $h_w$ 不小于 450 mm 时,根据需要配置)。

(4) 基础梁底面标高(选注)

当条形基础的底面标高与基础底面基准标高不同时,将条形基础底面标高注写在"( )"内。

(5) 必要的文字注解(选注)

当基础梁的设计有特殊要求时,宜增加必要的文字注解。

**2. 原位标注**

基础梁 JL 的原位标注注写方式如下。

1) 原位标注基础梁端或梁在柱下区域的底部全部纵筋(包括底部非贯通纵筋和已集中注写的底部贯通纵筋)。

① 当梁端或梁在柱下区域的底部纵筋多于一排时,用"/"将各排纵筋自上而下分开。

② 当同排纵筋有两种直径时,用"+"将两种直径的纵筋相连。

③ 当梁中间支座或梁在柱下区域两边的底部纵筋配置不同时,需在支座两边分别标注;当梁中间支座两边的底部纵筋相同时,可仅在支座的一边标注。

④ 当梁端(柱下)区域的底部全部纵筋与集中注写过的底部贯通纵筋相同时,可不再重复做原位标注。

设计时应注意:当对底部一平(为"柱下两边的梁底部在同一个平面上"的缩略词)的梁支座(柱下)两边的底部非贯通纵筋采用不同配筋值时,应按较小一边的配筋值选配相同直径的纵筋贯穿支座,再将较大一边的配筋差值选配适当直径的钢筋锚入支座,避免造成支座两边大部分钢筋直径不相同的不合理配置结果。

施工及预算方面应注意:当底部贯通纵筋经原位注写修正,出现两种不同配置的底部贯通纵筋时,应在毗邻跨中配置较小一跨的跨中连接区域进行连接(即配置较大一跨底部贯通纵筋需伸出至毗邻跨的跨中连接区域。具体位置见标注构造详图)。

2）原位注写基础梁的附加箍筋或（反扣）吊筋。当两向基础梁十字交叉，但交叉位置无柱时，应根据抗力需要设置附加箍筋或（反扣）吊筋。

将附加箍筋或（反扣）吊筋直接画在平面图十字交叉梁中刚度较大的条形基础主梁上，原位直接引注总配筋值（附加箍筋的肢数注在括号内）。当多数附加箍筋或（反扣）吊筋相同时，可在条形基础平法施工图上统一注明。少数与统一注明值不同时，再原位直接引注。

施工时应注意：附加箍筋或（反扣）吊筋的几何尺寸应按照标准构造详图，结合其所在位置的主梁和次梁的截面尺寸确定。

3）原位注写基础梁外伸部位的变截面高度尺寸。当基础梁外伸部位采用变截面高度时，在该部位原位注写 $b \times h_1/h_2$，$h_1$ 为根部截面高度，$h_2$ 为尽端截面高度。

4）原位注写修正内容。当在基础梁上集中标注的某项内容（如截面尺寸、箍筋、底部与顶部贯通纵筋或架立筋、梁侧面纵向构造钢筋、梁底面标高等）不适用于某跨或某外伸部位时，将其修正内容原位标注在该跨或该外伸部位，施工时原位标注取值优先。

当在多跨基础梁的集中标注中已注明加腋，而该梁某跨根部不需要加腋时，则应在该跨原位标注无 $Yc_1 \times c_2$ 的 $b \times h_1$ 以修正集中标注中的加腋要求。

## 2.1.2 条形基础底板的平面注写方式

条形基础底板 $TJB_P$、$TJB_J$ 的平面注写方式，分为集中标注和原位标注两部分内容。

**1. 集中标注**

条形基础底板的集中标注内容包括条形基础底板编号、截面竖向尺寸、配筋三项必注内容，以及条形基础底板底面标高（与基础底面基准标高不同时）和必要的文字注解两项选注内容。

（1）条形基础底板编号（必注）

条形基础底板编号，见表 2-1。

（2）条形基础底板截面竖向尺寸（必注）

1）坡形截面的条形基础底板，注写方式为"$h_1/h_2$"，见图 2-1（来自 11G101—3 第 24 页）。

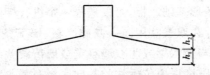

**图 2-1　条形基础底板坡形截面竖向尺寸**

2）阶形截面的条形基础底板，注写方式为"$h_1/h_2/\cdots\cdots$"，见图 2-2（来自 11G101—3 第 24 页）。

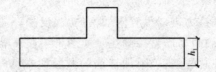

图 2-2 条形基础底板阶形截面竖向尺寸

（3）条形基础底板底部及顶部配筋（必注）

1）以 B 打头，注写条形基础底板底部的横向受力钢筋。

2）以 T 打头，注写条形基础底板顶部的横向受力钢筋；注写时，用"/"分隔条形基础底板的横向受力钢筋与构造配筋。

（4）底板底面标高（选注）

当条形基础底板的底面标高与条形基础底面基准标高不同时，应将条形基础底板底面标高注写在"（　）"内。

（5）必要的文字注解（选注）

当条形基础底板有特殊要求时，应增加必要的文字注解。

**2. 原位注写**

（1）条形基础底板平面尺寸

原位标注方式为"$b$、$b_i$，$i=1,2,\cdots\cdots$"。其中，$b$ 为基础底板总宽度，$b_i$ 为基础底板台阶的宽度。当基础底板采用对称于基础梁的坡形截面或单阶形截面时，$b_i$ 可不注，如图 2-3 所示（来自 11G101—3 第 26 页）。

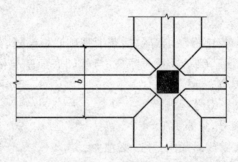

图 2-3 条形基础底板平面尺寸原位标注

素混凝土条形基础底板的原位标注与钢筋混凝土条形基础底板相同。

对于相同编号的条形基础底板，可仅选择一个进行标注。

梁板式条形基础存在双梁共用同一基础底板、墙下条形基础也存在双墙共用同一基础底板的情况，当为双梁或为双墙且梁或墙荷载差别较大时，条形基础两侧可取不同的宽度，实际宽度以原位标注的基础底板两侧非对称的不同台阶宽度 $b_i$进行表达。

（2）原位注写修正内容

当在条形基础底板上集中标注的某项内容，如底板截面竖向尺寸、底板配筋、底板底面标高等,不适用于条形基础底板的某跨或某外伸部分时,可将其修正内容原位标注在该跨或该外伸部位,施工时原位标注取值优先。

## 2.1.3 条形基础的截面注写方式

条形基础的截面注写方式,可分为截面标注和列表注写(结合截面示意图)两种表达方式。

采用截面注写方式,应在基础平面布置图上对所有基础进行编号,见表2-1。

**1.截面标注**

对条形基础进行截面标注的内容与形式,与传统"单构件正投影表示方法"基本相同。对于已在基础平面布置图上原位标注清楚的该条形基础梁的水平尺寸,可不在截面图上重复表达,具体衰达内容可参照本书中相应的钢筋构造。

**2.列表标注**

对多个条形基础可采用列表注写(结合截面示意图)的方式集中表达。表中内容为条形基础截面的几何数据和配筋,截面示意图上应标注与表中栏目相对应的代号。

列表中的具体内容如下。

(1)基础梁

基础梁列表及表中注写栏目如下。

1) 编号。注写JL××(××)、JL××(××A)或 JL××(××B)。

2) 几何尺寸。梁截面宽度与高度 $b \times h$。当为加腋梁时,注写 $b \times h Y c_1 \times c_2$。

3) 配筋。注写基础梁底部贯通纵筋＋非贯通纵筋,顶部贯通纵筋、箍筋。当设计为两种箍筋时,箍筋注写为:第一种箍筋/第二种箍筋,第一种箍筋为梁端部箍筋,注写内容包括箍筋的箍数、钢筋级别、直径、间距与肢数。

基础梁几何尺寸和配筋表见表2-2。

表 2-2 基础梁几何尺寸和配筋表

| 基础梁编号/截面号 | 截面几何尺寸 | | 配筋 | |
|---|---|---|---|---|
| | $b \times h$ | 加腋 $c_1 \times c_2$ | 底部贯通纵筋＋非贯通纵筋,顶部贯通纵筋 | 第一种箍筋/第二种箍筋 |
| | | | | |
| | | | | |

注:表中可根据实际情况增加栏目,如增加基础梁地面标高等。

(2)条形基础底板

条形基础底板列表集中注写栏目包括:

1) 编号。坡形截面编号为 $TJB_P \times \times (\times \times)$、$TJB_P \times \times (\times \times A)$ 或 $TJB_P \times \times$

(××B),阶形截面编号为 TJB$_J$××(××)、TJB$_J$××(××A)或 TJB$_J$××(××B)。

　　2) 几何尺寸。水平尺寸 $b$、$b_i$, $i=1,2,$……;竖向尺寸 $h_1/h_2$。

　　3) 配筋。B:$\Phi$××@××××。

条形基础底板列表格式见表 2-3。

表 2-3　条形基础底板几何尺寸和配筋表

| 基础底板编号/截面号 | 截面几何尺寸 | | | 底部配筋(B) | |
|---|---|---|---|---|---|
| | $b$ | $b_i$ | $h_1/h_2$ | 横向受力钢筋 | 纵向构造钢筋 |
| | | | | | |
| | | | | | |

注:表中可根据实际情况增加栏目,如增加上部配筋、基础底板底面标高(与基础底板底面标高不一致时)等。

## 2.2　条形基础钢筋构造

### 2.2.1　梁式条形基础底板受力钢筋构造

#### 1.十字交条形基础底板钢筋构造

　　十字交叉基础底板配筋构造如图 2-4 所示(来自 11G101-3 第 69 页),钢筋排布构造如图 2-5 所示(来自 12G901-3 第 34 页)。

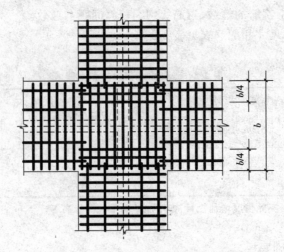

图 2-4　十字交接基础底板配筋构造

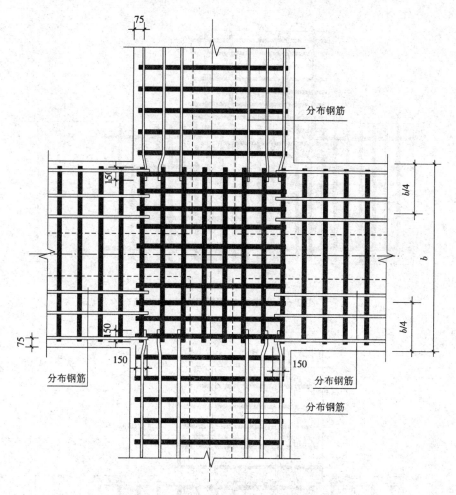

**图 2-5 十字交叉条形基础底板钢筋排布构造**

1）十字交叉时，一向受力筋贯通布置，另一向受力筋在交接处伸入 $b/4$ 范围布置。

2）配置较大的受力筋贯通布置。

3）分布筋在梁宽范围内不布置。

**2. 丁字交叉条形基础底板钢筋构造**

丁字交接基础底板配筋构造如图 2-6 所示（来自 11G101－3 第 69 页），钢筋排布构造如图 2-7 所示（来自 12G901－3 第 34 页）。

1）丁字交接时，丁字横向受力筋贯通布置，丁字竖向受力筋在交接处伸入 $b/4$ 范围布置。

2）分布筋在梁宽范围内不布置。

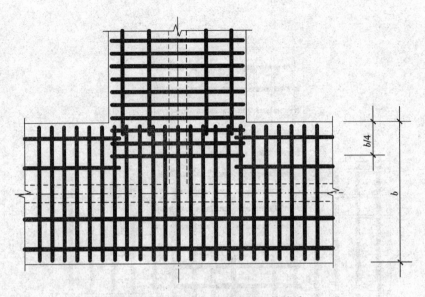

图 2-6　丁字交接基础底板配筋构造

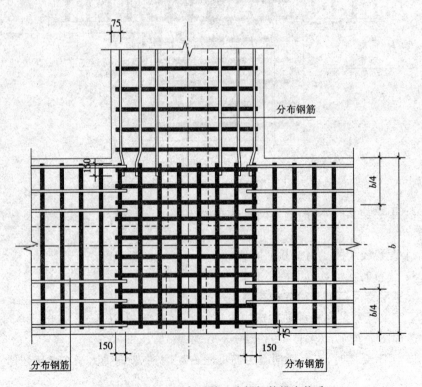

图 2-7　丁字交叉条形基础底板钢筋排布构造

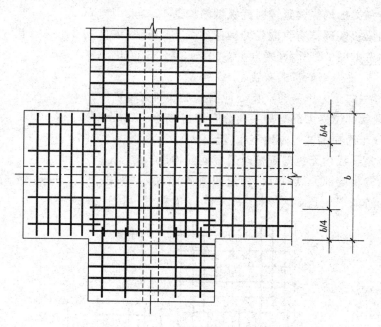

图 2-8 转角梁、板端部均有纵向延伸构造

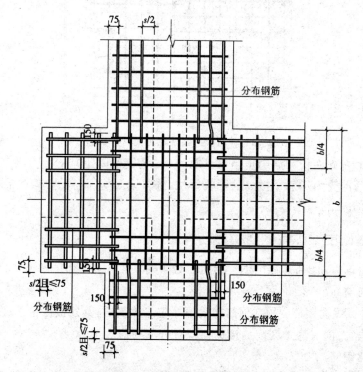

图 2-9 转角处基础梁、板均纵向延伸时底板钢筋排布构造

**3.转角梁板均纵向延伸时底板钢筋构造**

转角梁板端部均有纵向延伸构造如图2-8所示(来自11G101－3第69页),钢筋排布构造如图2-9所示(来自12G901－3第35页)。

1)一向受力钢筋贯通布置。

2)另一向受力钢筋在交接处伸出 $b/4$ 范围内布置。

3)网状部位受力筋与另一向分布筋搭接为150 mm。

4)分布筋在梁宽范围内不布置。

**4.转角梁板均无纵向延伸时底板钢筋构造**

转角梁板端部无纵向延伸构造如图2-10所示(来自11G101－3第69页),钢筋排布构造如图2-11所示(来自12G901－3第35页)。

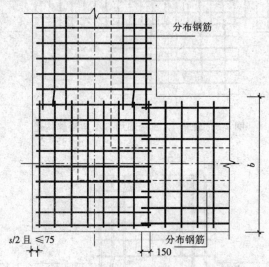

**图 2-10 转角梁板端部无纵向延伸构造**

1)条形基础底板钢筋起步距离可取 $s/2$($s$ 为钢筋间距)。

2)有两向受力钢筋交接处的网状部位,分布钢筋与同向受力钢筋的构造搭接长度为150 mm。

## 2.2.2 基础主梁纵向钢筋和箍筋构造

基础主梁纵向钢筋构造要求,如图2-12所示(来自11G101－3第71页)。

**1.顶部钢筋**

基础主梁纵向钢筋的顶部钢筋在梁顶部应连续贯通;其连接区位于柱轴线 $l_n/4$ 左右的范围,在同一连接区内的接头面积百分率不应大于 50%。

**2.底部钢筋**

基础主梁纵向钢筋的底部非贯通纵筋向跨内延伸长度为:自柱轴线算起,左右各 $l_n/3$ 长度值;底部钢筋连接区位于跨中≤$l_n/3$ 范围,在同一连接区内的接头面

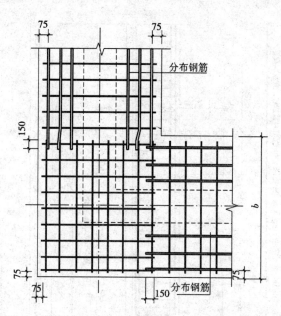

**图 2-11　转角处基础梁、板均无延伸时底板钢筋排布构造**

积百分率不应大于 50%。

如两毗邻跨的底部贯通纵筋配置不同,应将配置较大一跨的底部贯通纵筋越过其标注的跨数终点或起点,伸至配置较小的毗邻跨的跨中连接区进行连接。

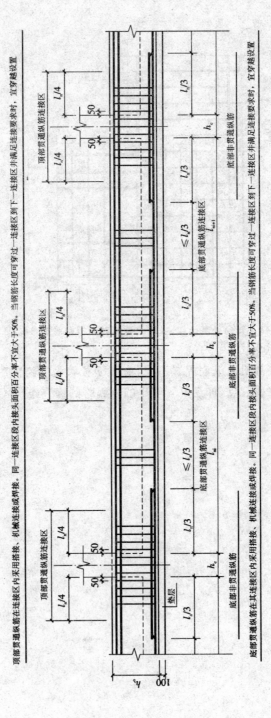

图 2-12 基础主梁纵向钢筋与箍筋构造

### 3. 箍筋

节点区内箍筋按照梁端箍筋设置。梁相互交叉宽度内的箍筋按照截面高度较大的基础梁进行设置。同跨箍筋有两种时,各自设置范围按具体设计注写。

## 2.2.3 基础梁端部外伸部位钢筋构造

### 1. 基础梁端部等截面外伸钢筋构造

基础梁端部等截面外伸钢筋构造如图 2-13 所示(来自 11G101-3 第 73 页),钢筋排布构造如图 2-14 所示(来自 12G901-3 第 43 页)。

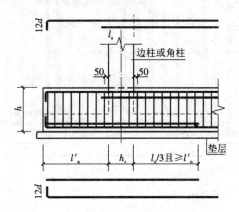

**图 2-13　基础梁端部等截面外伸钢筋构造**

1)梁顶部上排贯通纵筋伸至尽端内侧弯折 $12d$;顶部下排贯通纵筋不伸入外伸部位,从柱内侧起 $l_a$。

2)梁底部上排非贯通纵筋伸至端部截断;底部下排非贯通纵筋伸至尽端内侧弯折 $12d$,从支座中心线向跨内的延伸长度为 $l_n/3+h_c/2$。

3)梁底部贯通纵筋伸至尽端内侧弯折 $12d$。

注:当 $l_n'+h_c \leqslant l_a$ 时,基础梁下部钢筋伸至端部后弯折,且从柱内边算起水平段长度 $\geqslant 0.4l_a$,弯折段长度 $15d$。

### 2. 基础梁端部变截面外伸钢筋构造

基础梁端部变截面外伸构造如图 2-15 所示(来自 11G101-3 第 73 页),钢筋排布构造如图 2-16 所示(来自 12G901-3 第 43 页)。

1)梁顶部上排贯通纵筋伸至尽端内侧弯折 $12d$;顶部下排贯通纵筋不伸入外伸部位,从柱内侧起外伸 $l_a$。

2)梁底部上排非贯通纵筋伸至端部截断;底部下排非贯通纵筋伸至尽端内侧弯折 $12d$,从支座中心线向跨内的延伸长度为 $l_n/3+h_c/2$。

3)梁底部贯通纵筋伸至尽端内侧弯折 $12d$。

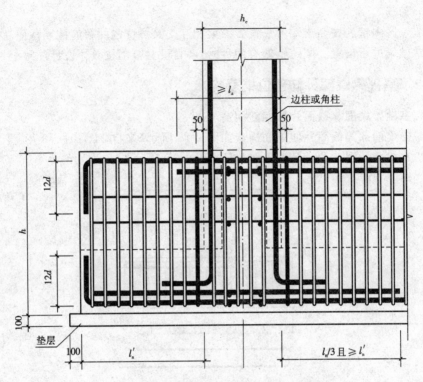

图 2-14　基础梁端部等截面外伸钢筋排布构造

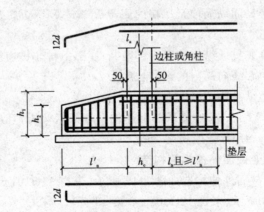

图 2-15　基础梁端部变截面外伸构造

　　注：当 $l_n' + h_c \leqslant l_a$ 时，基础梁下部钢筋伸至端部后弯折，且从柱内边算起水平
　　　段长度 $\geqslant 0.4 l_a$，弯折段长度 $15d$。

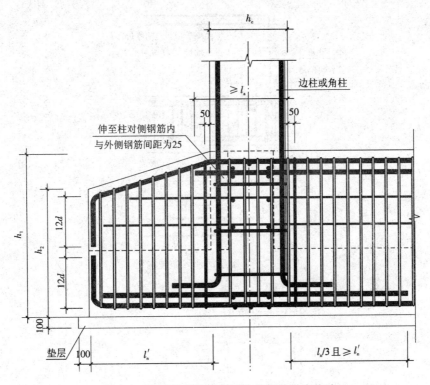

图 2-16 基础梁端部变截面外伸钢筋排布构造

### 3.基础梁端部无外伸钢筋构造

基础梁端部无外伸构造如图 2-17 所示(来自 11G101-3 第 73 页),钢筋排布构造如图 2-18 所示(来自 12G901-3 第 44~46 页)。

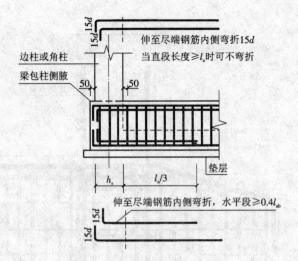

图 2-17 基础梁端部无外伸构造

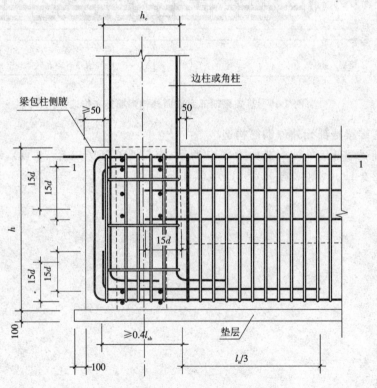

图 2-18 端部无外伸钢筋排布构造

(a)构造一;(b)构造二

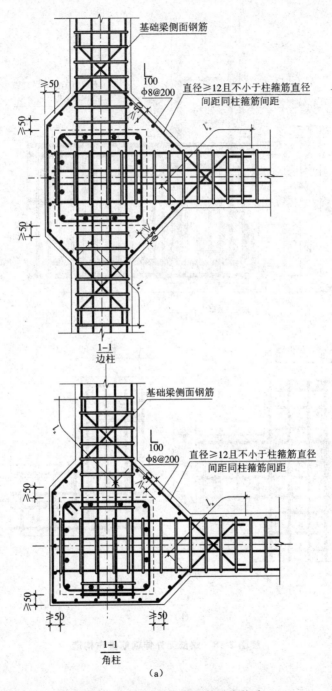

（a）

续图 2-18　端部无外伸钢筋排布构造

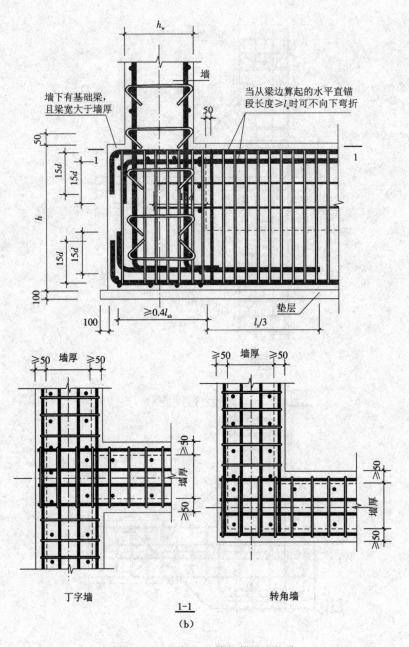

丁字墙

转角墙

1-1

（b）

续图 2-18　端部无外伸钢筋排布构造

1）端部无外伸构造中基础梁底部与顶部纵筋应成对连通设置（可采用通长钢筋，或将底部与顶部钢筋焊接连接后弯折成型）。成对连通后顶部和底部多出的钢筋构造如下：

伸至端部弯钩，底部筋上弯，上部筋下弯

2）基础梁侧面钢筋如果设计标明为抗扭钢筋时，自柱边开始伸入支座的锚固长度不小于 $l_a$，当直锚长度不够时，可向上弯折。

当直锚长度不够时，侧面钢筋伸至端部弯折

3）节点区域内箍筋设置同梁端箍筋设置。

## 2.2.4 基础梁变截面部位钢筋构造

### 1. 梁顶有高差

梁顶有高差构造如图 2-19 所示（来自 11G101－3 第 74 页），钢筋排布构造如图 2-20 所示（来自 12G901－3 第 50 页）。

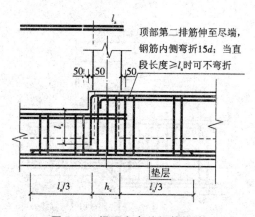

图 2-19 梁顶有高差钢筋构造

1）梁底钢筋构造如图 2-21 所示；底部非贯通纵筋两向自柱边起，各自向跨内的延伸长度为 $l_n/3$，其中 $l_n$ 为相邻两跨净跨之较大者。

2）梁顶较低一侧上部钢筋直锚。

3）梁顶较高一侧第一排钢筋伸至尽端向下弯折，距较低梁顶面 $l_a$ 截断；顶部第二排钢筋伸至尽端钢筋内侧向下弯折 $15d$，当直锚长度足够时，可直锚。

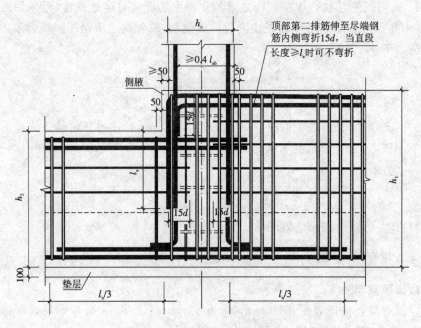

图 2-20　梁顶有高差钢筋排布构造

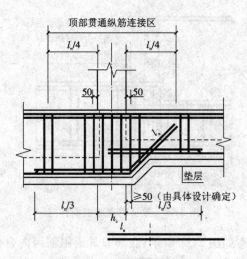

图 2-21　梁底有高差构造

**2. 梁底有高差**

梁底有高差构造如图 2-21 所示(来自 11G101－3 第 74 页),钢筋排布构造如图 2-22 所示(来自 12G901－3 第 52 页)。

1) 梁顶钢筋构造如图 2-12 所示。

2) 阴角部位注意避免内折角。梁底较高一侧下部钢筋直锚;梁底较低一侧钢

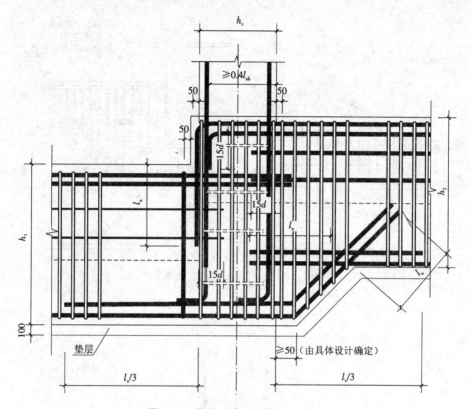

**图 2-22　梁底有高差钢筋排布构造**

筋伸至尽端弯折,注意直锚长度的起算位置(构件边缘阴角角点处)。

综上所述,钢筋构造做法与框架梁相对应的情况基本相同,值得注意的有两点:一是在梁柱交接范围内,框架梁不配置箍筋,而基础梁需要配置箍筋;二是基础梁纵筋如需接头,上部纵筋在柱两侧 $l_n/4$ 范围内,下部纵筋在梁跨中 $l_n/3$ 范围内。

**3. 梁顶、梁底均有高差**

梁顶、梁底均有高差钢筋构造如图 2-23 所示(来自 11G101－3 第 74 页),钢筋排布构造如图 2-24 所示(来自 12G901－3 第 51 页)。

1) 梁底面标高高的梁顶部第一排纵筋伸至尽端,弯折长度自梁底面标高低的梁顶部算起 $l_a$,顶部第二排纵筋伸至尽端钢筋内侧,弯折长度 $15d$,当直锚长度 $\geqslant l_a$ 时可不弯折,梁底面标高低的梁顶部纵筋锚入长度为 $l_a$。

2) 梁底面标高高的梁底部钢筋锚入梁内长度为 $l_a$;梁底面标高低的底部钢筋斜伸至梁底面标高高的梁内,锚固长度为 $l_a$。

**4. 柱两边基础梁宽度不同时的钢筋构造**

柱两边梁宽不同钢筋构造如图 2-25 所示(来自 11G101－3 第 74 页),钢筋排布构造如图 2-26 所示(来自 12G901－3 第 53 页)。

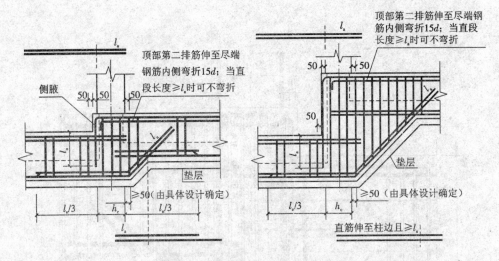

图 2-23 梁顶、梁底均有高差钢筋构造

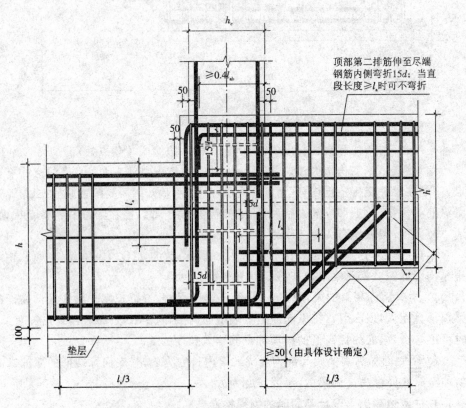

图 2-24 梁顶、梁底均有高差钢筋构造

1）非宽出部位，柱子两侧底部、顶部钢筋构造如图 2-12 所示。

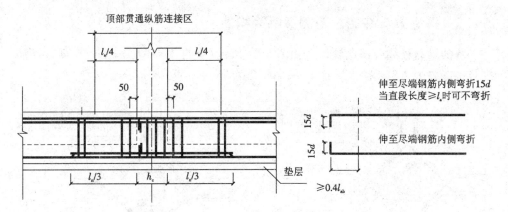

图 2-25 柱两边梁宽不同钢筋构造

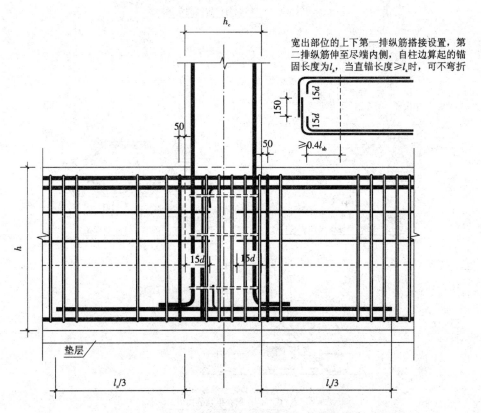

图 2-26 柱两边基础梁宽度不同时钢筋排布构造

2) 宽出部位的顶部及底部钢筋伸至尽端钢筋内侧,分别向上、向下弯折 $15d$,从柱一侧边起,伸入的水平段长度不小于 $0.4l_{ab}$,当直锚长度足够时,可以直锚,不弯折;当梁截面尺寸相同,但柱两侧梁截面布筋根数不同时,一侧多出的钢筋也应照此构造做法。

## 2.2.5 基础梁与柱结合部侧腋钢筋构造

基础梁与柱结合部侧腋构造如图 2-27 所示(来自 11G101－3 第 75 页),钢筋排布构造如图 2-28 所示(来自 12G901－3 第 54～56 页)。

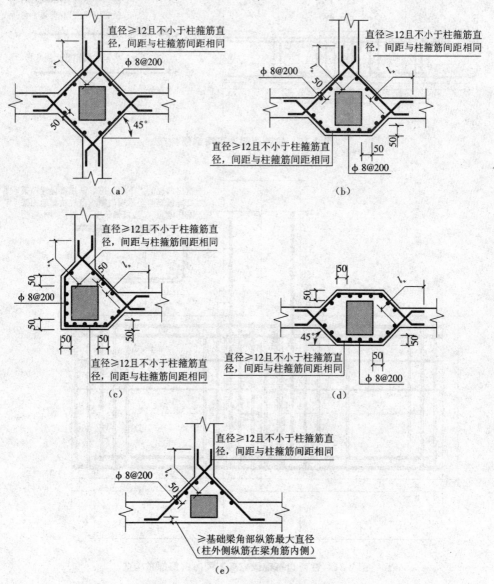

**图 2-27 基础梁 JL 与柱结合部侧腋构造**

(a)十字交叉基础梁与柱结合部侧腋构造;(b)丁字交叉基础梁与柱结合部侧腋构造;

(c)无外伸基础梁与柱结合部侧腋构造;(d)基础梁中心穿柱侧腋构造;

(e)基础梁偏心穿柱与柱结合部侧腋构造

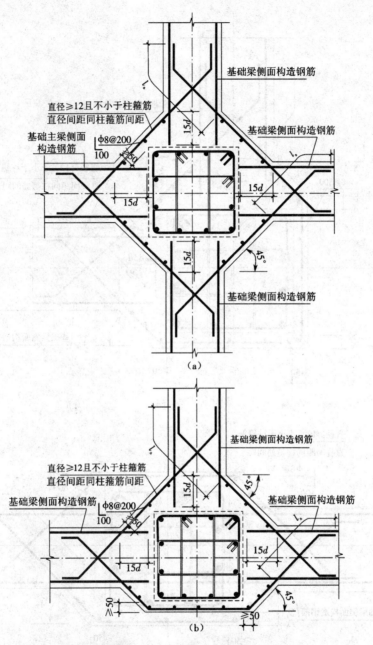

**图 2-28 基础主梁与柱结合部侧腋钢筋排布构造**

(a)十字交叉基础主梁与柱结合部侧腋钢筋排布构造;(b)丁字交叉基础主梁与柱结合部侧腋钢筋排布构造;
(c)无外伸主梁与角柱结合部位钢筋排布构造;(d)基础主梁中心穿柱与柱结合部位钢筋排布构造;
(e)基础主梁偏心穿柱与柱结合部钢筋排布构造

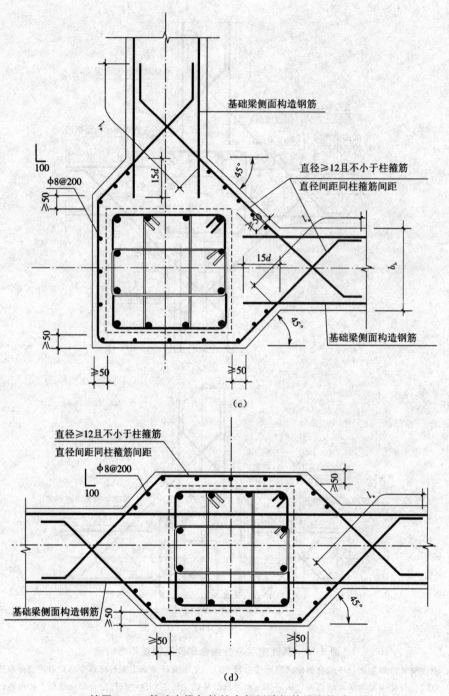

(c)

(d)

续图 2-28 基础主梁与柱结合部侧腋钢筋排布构造

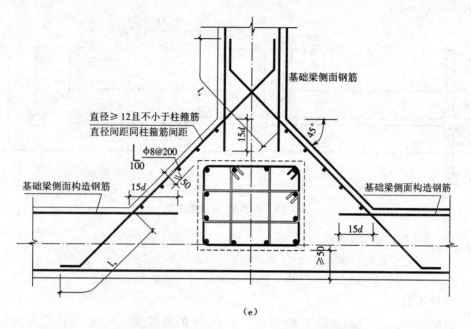

（e）

续图 2-28 基础主梁与柱结合部侧腋钢筋排布构造

1）基础梁与柱结合部侧加腋筋，由加腋筋及其分布筋组成，均不需要在施工图上标注，按图集上构造规定即可；加腋筋规格≥$\phi$12且不小于柱箍筋直径，间距同柱箍筋间距；加腋筋长度为侧腋边长加两端 $l_a$；分布筋规格为 8$\phi$200。

2）当柱与基础梁结合部位的梁顶面高度不同时，梁包柱侧腋顶面应与较高基础梁的梁面一平（即在同一平面上），侧腋顶面至较低梁顶面高差内的侧腋，可参照角柱或丁字交叉基础梁包柱侧腋构造进行施工。

# 2.3　条形基础钢筋计算实例

【例 2-1】

TJP$_P$05 平法施工图，如图 2-29 所示。求 TJP$_P$05 底部的受力筋及分布筋。

【解】

（1）受力筋 Φ 12@100

　　　　长度＝条形基础底板宽度－2$c$＝1000－2×40＝920（mm）

　　　　左端另一向交接钢筋长度＝1000－40＝960（mm）

　　左端一向的钢筋根数＝（3000×2＋500×2－2×50）/100＋1＝70（根）

　　左端另一向交接钢筋根数＝（1000－50）/100＋1＝11（根）

　　　　　　根数＝70＋11＝81（根）

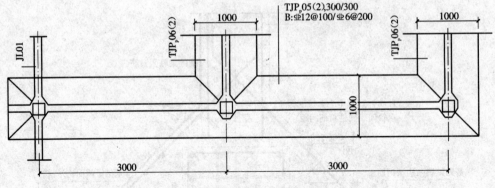

**图 2-29** TJP_P05 平法施工图

(2) 分布筋 $\oplus 6@200$

长度 $= 3000 \times 2 - 2 \times 500 + 40 + 2 \times 150 = 5340$（mm）

单侧根数 $= (500 - 150 - 2 \times 100)/200 + 1 = 2$（根）

**【例 2-2】**

JL03 平法施工图，如图 2-30 所示。求 JL03 的底部贯通纵筋、顶部贯通纵筋及非贯通纵筋。

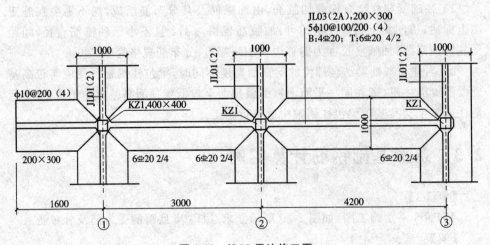

**图 2-30** JL03 平法施工图

**【解】**

(1) 底部贯通纵筋 4 $\Phi$ 20

长度 $= (3000 + 4200 + 1600 + 400 + 50) - 2 \times 25 + 2 \times 15 \times 20$

$= 9830$（mm）

(2) 顶部贯通纵筋上排 4 $\Phi$ 20

长度 $= (3000 + 4200 + 1600 + 200 \times 2 + 50) - 2 \times 25 + 12 \times 20 + 15 \times 20$

$$=9740(\text{mm})$$

（3）顶部贯通纵筋下排 2 $\underline{\Phi}$ 20

$$长度=3000+4200+(200+50-20+15d)-200+29d$$

$$=3000+4200+(200+50-25+12\times20)-200+29\times20$$

$$=7845(\text{mm})$$

（4）箍筋

1）外大箍筋长度$=(200-2\times25)\times2+(300-2\times25)\times2+2\times11.9\times10$

$$=1038(\text{mm})$$

2）内小箍筋长度$=[(200-2\times25-20-20)/3+20+20]\times2+(300-2\times$

$$25)\times2+2\times11.9\times10$$

$$=892(\text{mm})$$

3）箍筋根数。

第一跨：$5\times2+7=17$（根）

两端各 $5\phi10$；

中间箍筋根数$=(3000-200\times2-50\times2-100\times5\times2)/200-1=7$（根）

第二跨：$5\times2+13=23$（根）

两端各 $5\phi10$；

中间箍筋根数$=(4200-200\times2-50\times2-100\times5\times2)/200-1=13$（根）

节点内箍筋根数$=400/100=4$（根）

外伸部位箍筋根数$=(1600-200-2\times50)/200+1=9$（根）

JL03 箍筋总根数为：

外大箍筋根数$=17+23+4\times4+9=65$（根）

内小箍筋根数$=65$（根）

（5）底部外伸端非贯通纵筋 2 $\underline{\Phi}$ 20（位于上排）

$$长度=延伸长度\max(l_n/3,l_n')+伸至端部$$

$$=1200+1600+200-25=2975(\text{mm})$$

（6）底部中间柱下区域非贯通筋 2 $\underline{\Phi}$ 20（位于下排）

$$长度=2\times l_n/3+柱宽=2\times(4200-400)/3+400=2933(\text{mm})$$

（7）底部右端（非外伸端）非贯通筋 2 $\underline{\Phi}$ 20

$$长度=延伸长度\ l_n/3+伸至端部$$

$$=(4200-400)/3+400+50-25+15d$$

$$=(4200-400)/3+400+50-25+15\times20$$

$$=1992(\text{mm})$$

# 3 筏形基础

## 3.1 筏形基础平法识图

### 3.1.1 基础主梁与基础次梁的平面注写方式

#### 1. 集中标注

基础主梁 JL 与基础次梁 JCL 的集中标注内容包括基础梁编号、截面尺寸、配筋三项必注内容,以及基础梁底面标高高差(相对于筏形基础平板底面标高)一项选注内容。

(1)基础梁编号

基础梁的编号,见表 3-1。

表 3-1　梁板式筏形基础构件编号

| 构件类型 | 代号 | 序号 | 跨数及有无外伸 |
|---|---|---|---|
| 基础主梁(柱下) | JL | ×× | (××)或(××A)或(××B) |
| 基础次梁 | JCL | ×× | (××)或(××A)或(××B) |
| 梁板筏基础平板 | LPB | ×× | |

注:① (××A)为一端有外伸,(××B)为两端有外伸,外伸不计入跨数。

　② 梁板式筏形基础平板跨数及是否有外伸分别在 X、Y 两向的贯通纵筋之后表达。图面从左至右为 X 向,从下至上为 Y 向。

　③ 梁板式筏形基础主梁与条形基础梁编号及钢筋构造详图一致。

(2)截面尺寸

注写方式为"$b \times h$",表示梁截面宽度和高度,当为加腋梁时,注写方式为"$b \times h$ $Y c_1 \times c_2$",其中,$c_1$ 为腋长,$c_2$ 为腋高。

(3)配筋

1)基础梁箍筋。

① 当采用一种箍筋间距时,注写钢筋级别、直径、间距与肢数(写在括号内)。

② 当采用两种箍筋时,用"/"分隔不同箍筋,按照从基础梁两端向跨中的顺序注写。先注写第 1 段箍筋(在前面加注箍数),在斜线后再注写第 2 段箍筋(不再加

注箍数)。

2)基础梁的底部、顶部及侧面纵向钢筋。

① 以 B 打头,先注写梁底部贯通纵筋(不应少于底部受力钢筋总截面面积的1/3)。当跨中所注根数少于箍筋肢数时,需要在跨中加设架立筋以固定箍筋,注写时,用加号"十"将贯通纵筋与架立筋相连,架立筋注写在加号后面的括号内。

② 以 T 打头,注写梁顶部贯通纵筋值。注写时用分号";"将底部与顶部纵筋分隔开。

③ 当梁底部或顶部贯通纵筋多于一排时,用斜线"/"将各排纵筋自上而下分开。

注:a.基础主梁与基础次梁的底部贯通纵筋,可在跨中 1/3 净跨长度范围内采用搭接连接、机械连接或焊接。

b.基础主梁与基础次梁的顶部贯通纵筋,可在距支座 1/4 净跨长度范围内采用搭接连接,或在支座附近采用机械连接或焊接(均应严格控制接头百分率)。

④ 以大写字母"G"打头,注写梁两侧面设置的纵向构造钢筋有总配筋值(当梁腹板高度 $h_w$ 不小于 450 mm 时,根据需要配置)。

当需要配置抗扭纵向钢筋时,梁两个侧面设置的抗扭纵向钢筋以 N 打头。

注:a.当为梁侧面构造钢筋时,其搭接与锚固长度可取为 $15d$。

b.当为梁侧面受扭纵向钢筋时,其锚固长度为 $l_a$,搭接长度为 $l_l$;其锚固方式同基础梁上部纵筋。

(4)基础梁底面标高高差

基础梁底面标高高差系指相对于筏形基础平板底面标高的高差值。

有高差时需将高差写入括号内(如"高板位"与"中板位"基础梁的底面与基础平板地面标高的高差值)。

无高差时不注(如"低板位"筏形基础的基础梁)。

**2.原位标注**

原位标注包括以下内容。

(1)梁端(支座)区域的底部全部纵筋

梁端(支座)区域的底部全部纵筋,系包括已经集中注写过的贯通纵筋在内的所有纵筋。

1)当梁端(支座)区域的底部纵筋多于一排时,用斜线"/"将各排纵筋自上而下分开。

2)当同排有两种直径时,用加号"十"将两种直径的纵筋相连。

3)当梁中间支座两边底部纵筋配置不同时,需在支座两边分别标注;当梁中间支座两边的底部纵筋相同时,只仅在支座的一边标注配筋值。

4)当梁端(支座)区域的底部全部纵筋与集中注写过的贯通纵筋相同时,可不再重复做原位标注。

5）加腋梁加腋部位钢筋,需在设置加腋的支座处以 Y 打头注写在括号内。

（2）基础梁的附加箍筋或（反扣）吊筋

将基础梁的附加箍筋或（反扣）吊筋直接画在平面图中的主梁上,用线引注总配筋值（附加箍筋的肢数注在括号内）。

当多数附加箍筋或（反扣）吊筋相同时,可在基础梁平法施工图上统一注明,少数与统一注明值不同时,再原位引注。

（3）外伸部位的几何尺寸

当基础梁外伸部位变截面高度时,在该部位原位注写 $b \times h_1/h_2$,$h_1$ 为根部截面高度,$h_2$ 为尽端截面高度。

（4）修正内容

原则上,基础梁的集中标注的一切内容都可以在原位标注中进行修正,并且根据"原位标注取值优先"的原则,施工时按原位标注数值取用。

原位标注的方式如下：

当在基础梁上集中标注的某项内容（如梁截面尺寸、箍筋、底部与顶部贯通纵筋或架立筋、梁侧面纵向构造钢筋、梁底面标高高差等）不适用于某跨或某外伸部分时,则将其修正内容原位标注在该跨或该外伸部位,施工时原位标注取值优先。

当在多跨基础梁的集中标注中已注明加腋,而该梁某跨根部不需要加腋时,则应在该跨原位标注等截面的 $b \times h$,以修正集中标注中的加腋信息。

**3.基础主梁标注识图**

基础主梁 JL 标注示意如图 3-1 所示（来自 11G101－3 第 36 页）。

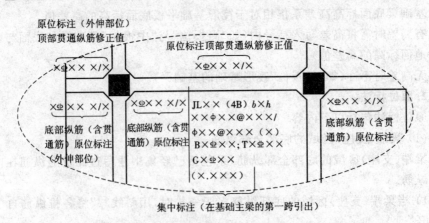

**图 3-1　基础主梁 JL 标注图示**

**4.基础次梁标注识图**

基础次梁 JCL 标注示意如图 3-2 所示（来自 11G101－3 第 36 页）。

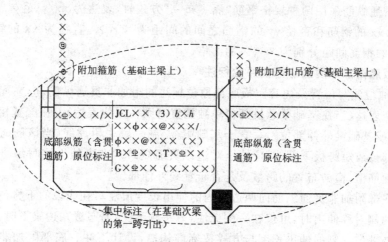

图 3-2　基础次梁 JCL 标注图示

## 3.1.2　梁板式筏形基础平板的平面注写方式

梁板式筏形基础平板 LPB 的平面注写,分板底部与顶部贯通纵筋的集中标注与板底附加非贯通纵筋的原位标注两部分内容。当仅设置贯通纵筋而未设置附加非贯通纵筋时,则仅做集中标注。

**1. 板底部与顶部贯通纵筋的集中标注**

梁板式筏形基础平板 LPB 的集中标注,应在所表达的板区双向均为第一跨(X 与 Y 双向首跨)的板上引出(图面从左至右为 X 向,从下至上为 Y 向)。

板区划分条件:板厚相同、基础平板底部与顶部贯通纵筋配置相同的区域为同一板区。

集中标注的内容包括:

(1) 编号

梁板式筏形基础平板编号,见表 3-1。

(2) 截面尺寸

注写 $h=×××$ 表示板厚。

(3) 基础平板的底部与顶部贯通纵筋及其总长度

先注写 X 向底部(B 打头)贯通纵筋与顶部(T 打头)贯通纵筋及纵向长度范围;再注写 Y 向底部(B 打头)贯通纵筋与顶部(T 打头)贯通纵筋及纵向长度范围(图面从左至右为 X 向,从下至上为 Y 向)。

贯通纵筋的总长度注写在括号中,注写方式为"跨数及有无外伸",其表达形式为:(××)(无外伸)、(××A)(一端有外伸)或(××B)(两端有外伸)。

注:基础平板的跨数以构成柱网的主轴线为准;两主轴线之间无论有几道辅助轴线(例如框筒结构中混凝土内筒中的多道墙体),均可按一跨考虑。

当贯通纵筋采用两种规格钢筋"隔一布一"方式时,表达为 xx/yy@×××,表示直径 $\phi$xx 的钢筋和直径 yy 的钢筋之间的间距为×××,直径为 xx 的钢筋、直径为 yy 的钢筋间距分别为×××的 2 倍。

**2. 板底附加非贯通纵筋的原位标注**

1)原位注写位置及内容。板底部原位标注的附加非贯通纵筋,应在配置相同的第一跨表达(当在基础梁悬挑部位单独配置时则在原位表达)。在配置相同跨的第一跨(或基础梁外伸部位),垂直于基础梁,绘制一段中粗虚线(当该筋通长设置在外伸部位或短跨板下部时,应画至对边或贯通短跨),在虚线上注写编号(如①、②等)、配筋值、横向布置的跨数及是否布置到外伸部位。

板底部附加非贯通纵筋向两边跨内的伸出长度值注写在线段的下方位置。当该筋向两侧对称伸出时,可仅在一侧标注,另一侧不注;当布置在边梁下时,向基础平板外伸部位一侧的伸出长度与方式按标准构造,设计不注。底部附加非贯通筋相同者,可仅注写一处,其他只注写编号。

横向连续布置的跨数及是否布置到外伸部位,不受集中标注贯通纵筋的板区限制。

原位注写的底部附加非贯通纵筋与集中标注的底部贯通钢筋,宜采用"隔一布一"的方式布置,即基础平板(X 向或 Y 向)底部附加非贯通纵筋与贯通纵筋间隔布置,其标注间距与底部贯通纵筋相同(两者实际组合后的间距为各自标注间距的 1/2)。

2)注写修正内容。当集中标注的某些内容不适用于梁板式筏形基础平板某板区的某一板跨时,应由设计者在该板跨内注明,施工时应按注明内容取用。

3)当若干基础梁下基础平板的底部附加非贯通纵筋配置相同时(其底部、顶部的贯通纵筋可以不同),可仅在一根基础梁下做原位注写,并在其他梁上注明"该梁下基础平板底部附加非贯通纵筋同××基础梁"。

**3. 梁板式筏形基础平板标注识图**

梁板式筏形基础平板标注识图如图 3-3 所示(来自 11G101-3 第 37 页)。

**4. 应在图中注明的其他内容**

除了上述集中标注与原位标注,还有一些内容需要在图中注明,包括:

1)当在基础平板周边沿侧面设置纵向构造钢筋时,应在图中注明。

2)应注明基础平板外伸部位的封边方式,当采用 U 形钢筋封边时应注明其规格、直径及间距。

3)当基础平板外伸变截面高度时,应注明外伸部位的 $h_1/h_2$,$h_1$ 为板根部截面高度,$h_2$ 为板尽端截面高度。

4)当基础平板厚度大于 2 m 时,应注明具体构造要求。

5)当在基础平板外伸阳角部位设置放射筋时,应注明放射筋的强度等级、直径、根数以及设置方式等。

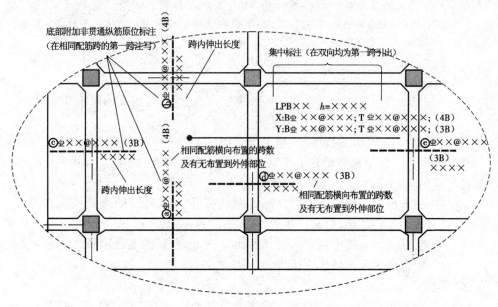

**图 3-3 LPB 标注图示**

6）当在板的分布范围内采用拉筋时，应注明拉筋的强度等级、直径、双向间距等。

7）应注明混凝土垫层厚度与强度等级。

8）结合基础主梁交叉纵筋的上下关系，当基础平板同一层面的纵筋相交叉时，应注明何向纵筋在下，何向纵筋在上。

9）设计需注明的其他内容。

### 3.1.3 柱下板带、跨中板带的平面注写方式

**1. 集中标注**

柱下板带与跨中板带的集中标注，主要内容是注写板带底部与顶部贯通纵筋的，应在第一跨（X 向为左端跨，Y 向为下端跨）引出，具体内容包括以下内容。

（1）编号

柱下板带、跨中板带编号，见表 3-2。

**表 3-2 平板式筏形基础构件编号**

| 构件类型 | 代号 | 序号 | 跨数及有无外伸 |
|---|---|---|---|
| 柱下板带 | ZXB | ×× | (××)或(××A)或(××B) |
| 跨中板带 | KZB | ×× | (××)或(××A)或(××B) |
| 平板式筏形基础平板 | BPB | ×× | — |

注:① (××A)为一端有外伸,(××B)为两端有外伸,外伸不计入跨数。

② 平板式筏形基础平板,其跨数及是否有外伸分别在 X、Y 两向的贯通纵筋之后表达。图面从左至右为 X 向,从下至上为 Y 向。

（2）截面尺寸

注写方式为"$b=××××$",表示板带宽度(在图注中注明基础平板厚度)。

（3）底部与顶部贯通纵筋

注写底部贯通纵筋(B 打头)与顶部贯通纵筋(T 打头)的规格与间距,用分号";"将其分隔开。柱下板带的柱下区域,通常在其底部贯通纵筋的间隔内插空设有(原位注写的)底部附加非贯通纵筋。

注:① 柱下板带与跨中板带的底部贯通纵筋,可在跨中 1/3 净跨长度范围内采用搭接连接、机械连接或焊接。

② 柱下板带及跨中板带的顶部贯通纵筋,可在柱网轴线附近 1/4 净跨长度范围内采用搭接连接、机械连接或焊接。

**2. 原位标注**

柱下板带与跨中板带的原位标注的主要内容是注写底部附加非贯通纵筋。具体内容如下。

（1）注写内容

以一段与板带同向的中粗虚线代表附加非贯通纵筋。柱下板带:贯穿其柱下区域绘制。跨中板带:横贯柱中线绘制。在虚线上注写底部附加非贯通纵筋的编号(如①、②等)、钢筋级别、直径、间距,以及自柱中线分别向两侧跨内的伸出长度值。当向两侧对称伸出时,长度值可仅在一侧标注,另一侧不注。

外伸部位的伸出长度与方式按标准构造,设计不注。对同一板带中底部附加非贯通筋相同者,可仅在一根钢筋上注写,其他可仅在中粗虚线上注写编号。

原位注写的底部附加非贯通纵筋与集中标注的底部贯通纵筋,宜采用"隔一布一"的方式布置,即柱下板带或跨中板带底部附加纵筋与贯通纵筋交错插空布置,其标注间距与底部贯通纵筋相同(两者实际组合后的间距为各自标注间距的1/2)。

当跨中板带在轴线区域不设置底部附加非贯通纵筋时,则不做原位注写。

（2）修正内容

当在柱下板带、跨中板带上集中标注的某些内容(如截面尺寸、底部与顶部贯通纵筋等)不适用于某跨或某外伸部分时,则将修正的数值原位标注在该跨或该外伸部位,施工时原位标注取值优先。

注:对于支座两边不同配筋值的(经注写修正的)底部贯通纵筋,应按较小一边的配筋值选配相同直径的纵筋贯穿支座,较大一边的配筋差值选配适当直径的钢筋锚入支座,避免造成两边大部分钢筋直径不相同的不合理配置结果。

**3. 柱下板带标注识图**

柱下板带标注示意如图 3-4 所示(来自 11G101-3 第 42 页)。

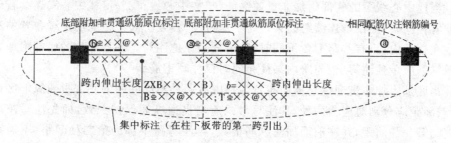

图 3-4　柱下板带标注图示

**4. 跨中板带标注识图**

跨中板带标注示意如图 3-5 所示(来自 11G101－3 第 42 页)。

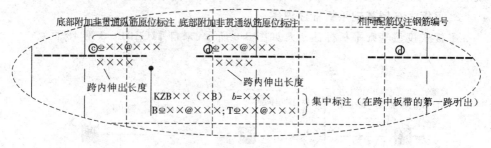

图 3-5　跨中板带标注图示

## 3.1.4　平板式筏形基础平板的平面注写方式

平板式筏形基础平板 BPB 的平面注写,分板底部与顶部贯通纵筋的集中标注与板底部附加非贯通纵筋两部分内容。当仅设置底部与顶部贯通纵筋而未设置底部附加非贯通纵筋时,则仅做集中标注。

**1. 集中标注**

平板式筏形基础平板 BPB 集中标注的主要内容为注写板底部与顶部贯通纵筋。

当某向底部贯通纵筋或顶部贯通纵筋的配置,在跨内有两种不同间距时,先注写跨内两端的第一种间距,并在前面加注纵筋根数(以表示其分布的范围);再注写跨中部的第二种间距(不需加注根数);两者用"/"分隔。

**2. 原位标注**

平板式筏形基础平板 BPB 的原位标注,主要表达横跨柱中心线下的底部附加非贯通纵筋。内容如下。

1) 原位注写位置及内容。在配置相同的若干跨的第一跨下,垂直于柱中线绘制一段中粗虚线代表底部附加非贯通纵筋,在虚线上的注写内容与 3.1.2 中 2.1 的内容相同。

当柱中心线下的底部附加非贯通纵筋(与柱中心线正交)沿柱中心线连续若干跨配置相同时,则在该连续跨的第一跨下原位注写,且将同规格配筋连续布置的跨数注在括号内;当有些跨配置不同时,则应分别原位注写。外伸部位的底部附加非贯通纵筋应单独注写(当与跨内某筋相同时仅注写钢筋编号)。

当底部附加非贯通纵筋横向布置在跨内有两种不同间距的底部贯通纵筋区域时,其间距应分别对应为两种,其注写形式应与贯通纵筋保持一致,即先注写跨内两端的第一种间距,并在前面加注纵筋根数,再注写跨中部的第二种间距(不需加注根数),两者用"/"分隔。

2) 当某些柱中心线下的基础平板底部附加非贯通纵筋横向配置相同时(其底部、顶部的贯通纵筋可以不同),可仅在一条中心线下做原位注写,并在其他柱中心线上注明"该柱中心线下基础平板底部附加非贯通纵筋同××柱中心线。

### 3. 平板式筏型基础平板标注识图

平板式筏型基础平板标注示意如图 3-6 所示(来自 11G101－3 第 43 页)。

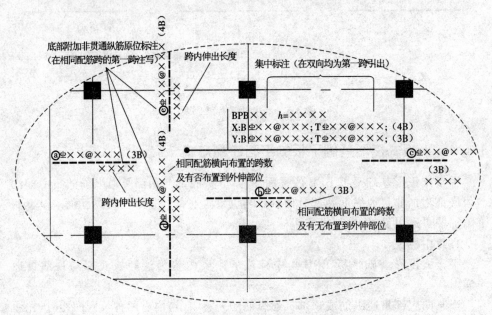

**图 3-6 平板式筏型基础平板标注图示**

## 3.2 筏形基础钢筋构造

### 3.2.1 梁板式筏形基础钢筋构造

**1.梁板式筏形基础底板钢筋的连接位置**

梁板式筏形基础平板钢筋的连接位置如图 3-7 所示(来自 12G901－3 第 63 页)。

支座两侧的钢筋应协调配置,当两侧配筋直径相同而根数不同时,应将配筋小的一侧的钢筋全部穿过支座,配筋大的一侧的多余钢筋至少伸至支座对边内侧,锚固长度为 $l_a$,当支座内长度不能满足时,则将多余的钢筋伸至对侧板内,以满足锚固长度要求。

**2.梁板式筏形基础平板钢筋构造**

梁板式筏形基础平板钢筋构造如图 3-8 所示(来自 11G101－3 第 79 页),钢筋排布构造如图 3-9 所示(来自 12G901－3 第 64、65 页)。

1)顶部贯通纵筋在连接区内采用搭接、机械连接或焊接。同一连接区段内接头面积百分比率不宜大于 50%。当钢筋长度可穿过一连接区到下一连接区并满足要求时,宜穿越设置。

2)底部非贯通纵筋自梁中心线到跨内的伸出长度 $\geqslant l_n/3$($l_n$ 是基础平板 LPB 的轴线跨度)。

3)底部贯通纵筋在基础平板内按贯通布置。

底部贯通纵筋的长度＝跨度－左侧伸出长度－右侧伸出长度 $\leqslant l_n/3$("左、右侧延伸长度"即左、右侧的底部非贯通纵筋伸出长度)。

底部贯通纵筋直径不一致时:

当某跨底部贯通纵筋直径大于邻跨时,如果相邻板区板底一平,则应在两毗邻跨中配置较小一跨的跨中连接区内进行连接(即配置较大板跨的底部贯通纵筋须越过板区分界线伸至毗邻板跨的跨中连接区域)。

4)基础平板同一层面的交叉纵筋,何向纵筋在下,何向纵筋在上,应按具体设计说明。

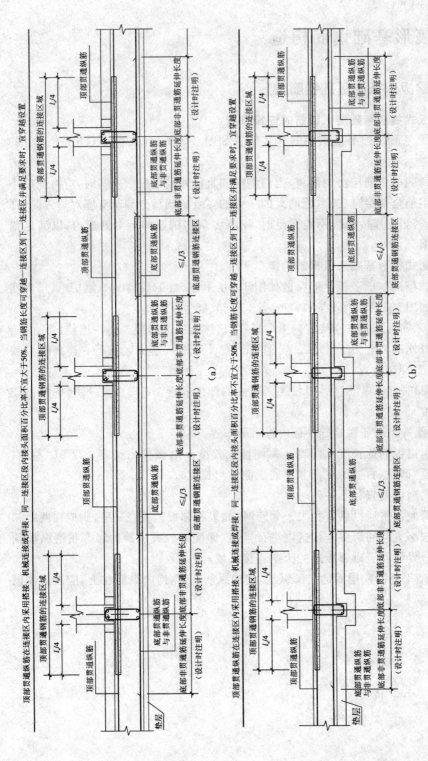

图 3-7 梁板式筏形基础平板钢筋的连接位置

(a) 基础梁板底平; (b) 基础梁板顶平

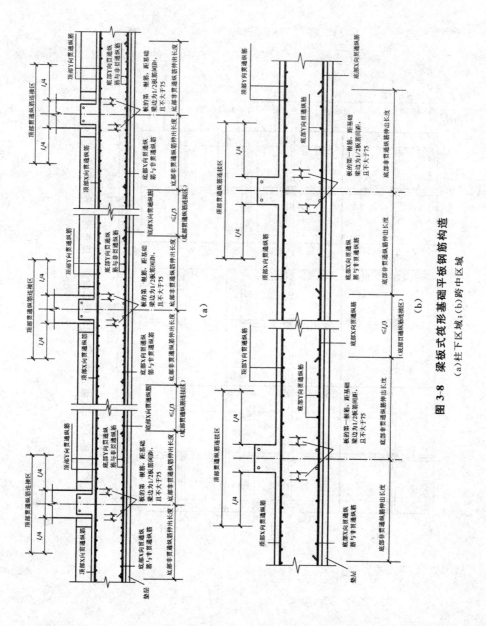

**图3-8 梁板式筏形基础平板钢筋构造**

(a)柱下区域；(b)跨中区域

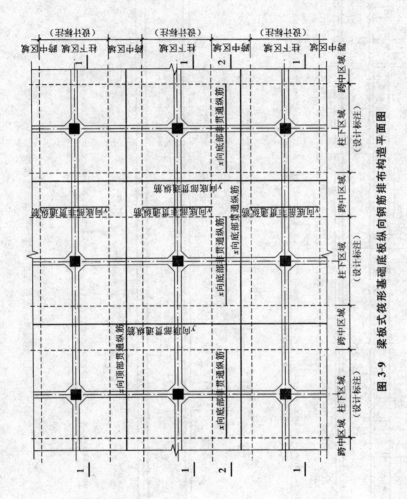

图 3-9 梁板式筏形基础底板纵向钢筋排布构造平面图

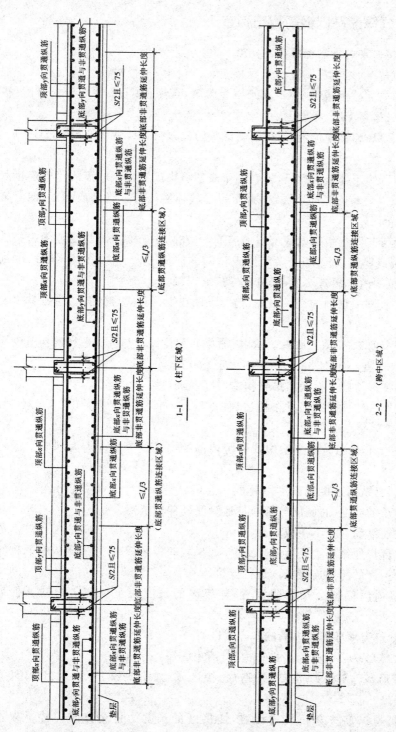

1-1 （柱下区域）

2-2 （跨中区域）

续图 3-9 梁板式筏形基础底板纵向钢筋排布构造平面图

## 3.2.2 平板式筏形基础钢筋排布构造

**1.平板式筏形基础钢筋标准排布构造**

平板式筏形基础相当于倒置的无梁楼盖。理论上,平板式筏形基础有条件划分板带时,可划分为柱下板带 ZXB 和跨中板带 KZB 两种;无条件划分板带时,按平板式筏形基础平板 BPB 考虑。

柱下板带 ZXB 和跨中板带 KZB 钢筋排布构造如图 3-10 所示(来自 12G901－3 第 69 页)。

1)不同配置的底部贯通纵筋,应在两毗邻跨中配置较小一跨的跨中连接区连接(即配置较大一跨的底部贯通纵筋,需超过其标注的跨数终点或起点,伸至毗邻跨的跨中连接区)。

2)柱下板带与跨中板带的底部贯通纵筋,可在跨中 1/3 净跨长度范围内搭接连接、机械连接或焊接;柱下板带及跨中板带的顶部贯通纵筋,可在柱网轴线附近 1/4 净跨长度范围内采用搭接连接、机械连接或焊接。

3)基础平板同一层面的交叉纵筋,何向纵筋在下,何向纵筋在上,应按具体设计说明。

4)当基础板厚≥2000 mm 时,宜在板厚中间部位设置与板面平行的构造钢筋网片,钢筋直径不宜小于 12 mm,间距不大于 300 mm。

**2.平板式筏形基础平板钢筋排布构造(柱下区域)**

平板式筏形基础平板钢筋排布构造(柱下区域)如图 3-11 所示(来自 12G901－3 第 70 页)。

1)底部附加非贯通纵筋自梁中线到跨内的伸出长度≥$l_n/3$($l_n$ 为基础平板的轴线跨度)。

2)底部贯通纵筋连接区长度＝跨度－左侧延伸长度－右侧延伸长度≤$l_n/3$(左、右侧延伸长度即左、右侧的底部非贯通纵筋延伸长度)。

当底部贯通纵筋直径不一致时:

当某跨底部贯通纵筋直径大于邻跨时,如果相邻板区板底一平,则应在两毗邻跨中配置较小一跨的跨中连接区内进行连接。

3)顶部贯通纵筋按全长贯通设置,连接区的长度为正交方向的柱下板带宽度。

4)跨中部位为顶部贯通纵筋的非连接区。

**3.平板式筏形基础平板钢筋排布构造(跨中区域)**

平板式筏形基础平板钢筋排布构造(跨中区域)如图 3-12 所示(来自 12G901－3 第 70 页)。

1)顶部贯通纵筋按全长贯通设置,连接区的长度为正交方向的柱下板带宽度。

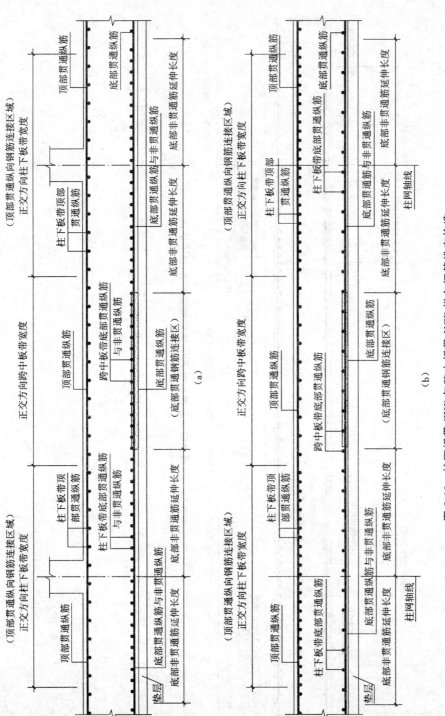

**图 3-10 柱下板带 ZXB 与跨中板带 KZB 纵向钢筋排布构造**

(a)柱下板带 ZXB 纵向钢筋排布构造;(b)跨中板带 KZB 纵向钢筋排布构造

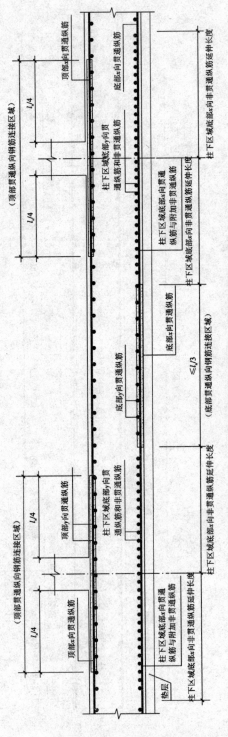

图 3-11 平板式筏形基础平板 BPB 钢筋排布构造（柱下区域）

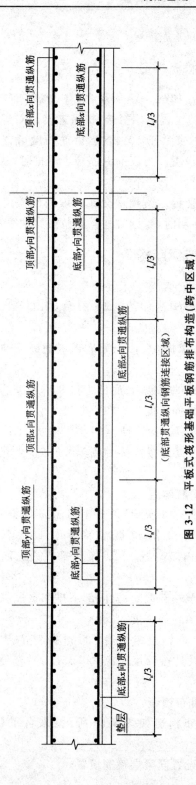

**图 3-12** 平板式筏形基础平板钢筋排布构造（跨中区域）

2）跨中部位为顶部贯通纵筋的非连接区。

### 3.2.3 基础次梁纵向钢筋和箍筋构造

基础次梁纵向钢筋与箍筋构造，如图 3-13 所示（来自 11G101-3 第 76 页）。

1）顶部和底部贯通纵筋在连接区内采用搭接、机械连接或对焊连接。且在同一连接区段内接头面积百分比率不宜大于 50%。当钢筋长度可穿过一连接区到下一连接区并满足要求时，宜穿越设置。当底部纵筋多于两排时，从第三排起非贯通纵筋向跨内的伸出长度值应由设计者注明。

2）节点区内箍筋按梁端箍筋设置。梁相互交叉宽度内的箍筋按截面高度较大的基础梁设置。当具体设计未注明时，基础梁外伸部位按梁端第一种箍筋设置。

### 3.2.4 基础次梁端部外伸部位钢筋构造

**1. 基础次梁端部等截面外伸钢筋构造**

基础次梁端部等截面外伸钢筋构造如图 3-14 所示（来自 11G101-3 第 76 页），钢筋排布构造如图 3-15 所示（来自 12G901-3 第 47 页）。

1）梁顶部贯通纵筋伸至尽端内侧弯折 $12d$；梁底部贯通纵筋伸至尽端内侧弯折 $12d$。

2）梁底部上排非贯通纵筋伸至端部截断；底部下排非贯通纵筋伸至尽端内侧弯折 $12d$，从支座中心线向跨内的延伸长度为 $l_n/3+b_b/2$。

注：当 $l_n'+b_b \leqslant l_a$ 时，基础次梁下部钢筋伸至端部后弯折 $15d$；从梁内边算起水平段长度由设计指定，当设计按铰接时应 $\geqslant 0.35l_{ab}$，当充分利用钢筋抗拉强度时应 $\geqslant 0.6l_{ab}$。

**2. 基础次梁端部变截面外伸钢筋构造**

端部变截面外伸钢筋构造如图 3-16 所示（来自 11G101-3 第 76 页），钢筋排布构造如图 3-17 所示（来自 12G901-3 第 47 页）。

1）梁顶部贯通纵筋伸至尽端内侧弯折 $12d$。梁底部贯通纵筋伸至尽端内侧弯折 $12d$。

2）梁底部上排非贯通纵筋伸至端部截断；梁底部下排非贯通纵筋伸至尽端内侧弯折 $12d$，从支座中心线向跨内的延伸长度为 $l_n/3+h_c/2$。

注：当 $l_n'+b_b \leqslant l_a$ 时，基础梁下部钢筋伸至端部后弯折 $15d$；从梁内边算起水平段长度由设计指定，当设计按铰接时应 $\geqslant 0.35l_{ab}$，当充分利用钢筋抗拉强度时应 $\geqslant 0.6l_{ab}$。

**3. 基础次梁端部无外伸钢筋排布构造**

基础次梁端部无外伸钢筋排布构造如图 3-18 所示（来自 12G901-3 第 48 页）。

1）节点区域内基础主梁箍筋设置同梁端箍筋设置。

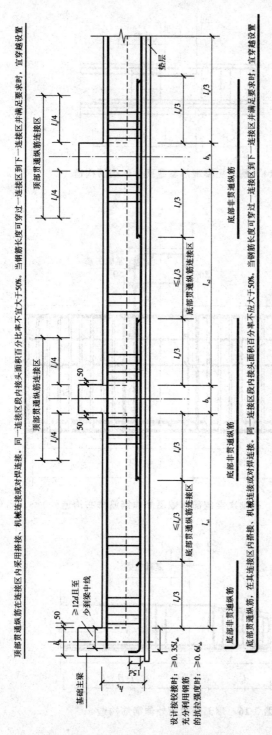

图 3-13 基础次梁纵向钢筋与箍筋构造

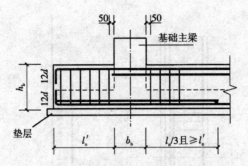

图 3-14　基础次梁端部等截面外伸钢筋构造

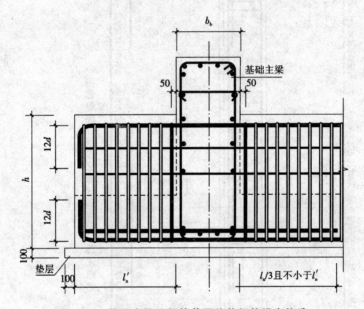

图 3-15　基础次梁端部等截面外伸钢筋排布构造

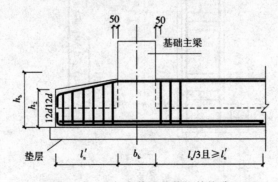

图 3-16　端部变截面外伸钢筋构造

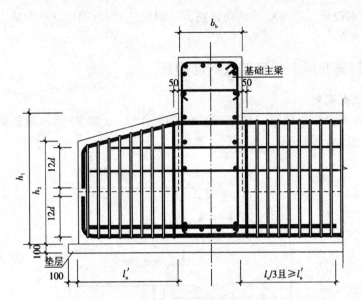

图 3-17 端部变截面外伸钢筋排布构造

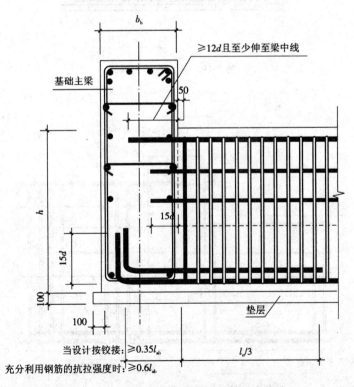

图 3-18 基础次梁端部无外伸钢筋排布构造

2）如果设计标明基础梁侧面钢筋为抗扭钢筋时，自梁边开始伸入支座的锚固长度不小于 $l_a$。

### 3.2.5 基础次梁变截面部位钢筋构造

#### 1.梁顶有高差

梁顶有高差构造如图 3-19 所示（来自 11G101－3 第 78 页），钢筋排布构造如图 3-20 所示（来自 12G901－3 第 50 页）。

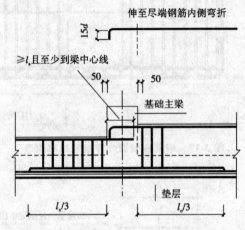

**图 3-19　梁顶有高差构造**

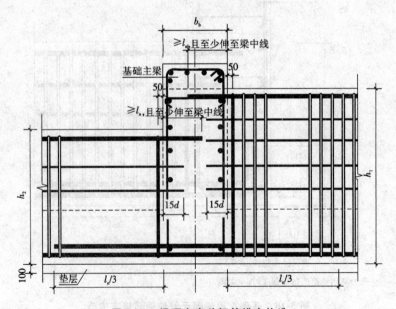

**图 3-20　梁顶有高差钢筋排布构造**

1）梁底钢筋构造如图 3-13 所示；底部非贯通纵筋两向自基础主梁边缘算起，各自向跨内的延伸长度为 $l_n/3$，其中 $l_n$ 为相邻两跨净跨之较大者。

2）梁顶较低一侧上部钢筋直锚，且至少到梁中线。

3）梁顶较高一侧钢筋伸至尽端向下弯折 $15d$。

**2. 梁底有高差**

梁底有高差构造如图 3-21 所示（来自 11G101－3 第 78 页），钢筋排布构造如图 3-22 所示（来自 12G901－3 第 52 页）。

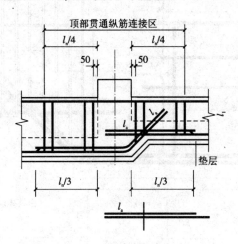

**图 3-21　梁底有高差构造**

1）梁顶钢筋构造如图 3-13 所示。

2）阴角部位注意避免内折角。梁底较高一侧下部钢筋直锚；梁底较低一侧钢筋伸至尽端弯折，注意直锚长度的起算位置（构件边缘阴角角点处）。

**3. 梁顶、梁底均有高差**

梁顶、梁底均有高差钢筋构造如图 3-23 所示（来自 11G101－3 第 78 页），钢筋排布构造如图 3-24 所示（来自 12G901－3 第 51 页）。

1）顶面标高高的梁顶部纵筋伸至尽端内侧弯折，弯折长度为 $15d$。梁顶面标高低的梁上部纵筋锚入基础梁内长度为 $l_a$。

2）底面标高低的梁底部钢筋斜伸至梁底面标高高的梁内，锚固长度为 $l_a$；梁底面标高高的梁底部钢筋锚固长度为 $l_a$。

**4. 支座两侧基础次梁宽度不同时的钢筋构造**

支座两边梁宽不同钢筋构造如图 3-25 所示（来自 11G101－3 第 78 页），钢筋排布构造如图 3-26 所示（来自 12G901－3 第 53 页）。

1）宽出部位的顶部各排纵筋伸至尽端钢筋内侧弯折 $15d$，当直线段 $\geqslant l_a$ 时可不弯折。

2）宽出部位的底部各排纵筋伸至尽端钢筋内侧弯折 $15d$，弯折水平段长度 $\geqslant 0.4l_{ab}$；当直线段 $\geqslant l_a$ 时可不弯折。

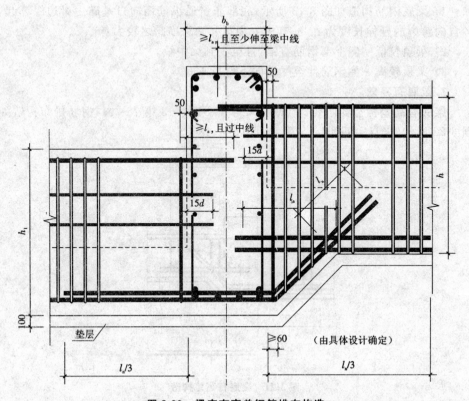

图 3-22 梁底有高差钢筋排布构造

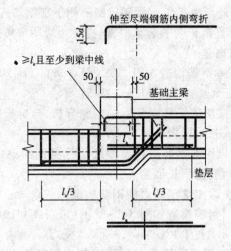

图 3-23 梁顶、梁底均有高差钢筋构造

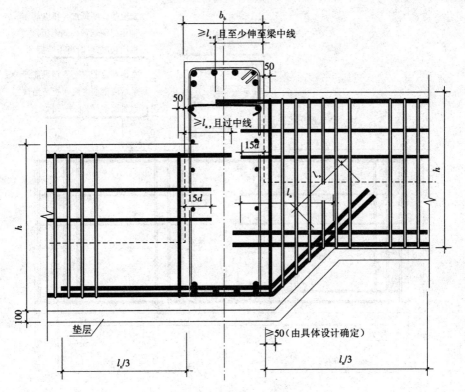

图 3-24 梁顶、梁底均有高差钢筋构造

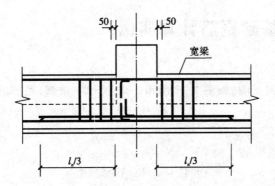

图 3-25 支座两边梁宽不同钢筋构造

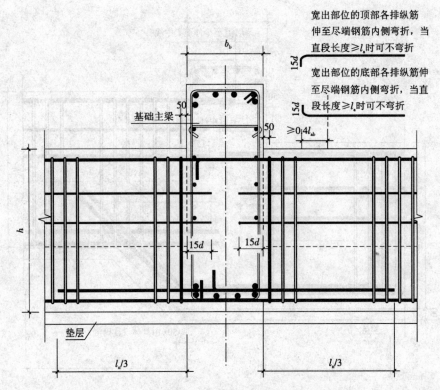

宽出部位的顶部各排纵筋
伸至尽端钢筋内侧弯折,当
直段长度≥$l_a$时可不弯折

宽出部位的底部各排纵筋伸
至尽端钢筋内侧弯折,当直
段长度≥$l_a$时可不弯折

基础主梁

图 3-26  支座两侧基础次梁宽度不同时钢筋排布构造

# 3.3  筏形基础钢筋计算实例

**【例 3-1】**

JCL06 平法施工图,如图 3-27 所示。求 JCL06 顶部、底部的贯通纵筋、非贯通纵筋及箍筋。

**【解】**

(1) 顶部贯通纵筋 2 ⲏ 25

长度＝净长＋两端锚固

锚固长度＝$\max(0.5h_c,12d)=\max(0.5\times600,12\times25)=300(\text{mm})$

长度＝$8000\times3-600+2\times300=24\,000(\text{mm})$

(2) 底部贯通纵筋 4 ⲏ 25

长度＝净长＋两端锚固

锚固长度＝$l_a=29\times25=725(\text{mm})$

长度＝$8000\times3-600+2\times725=24\,850(\text{mm})$

(3) 支座 1、4 底部非贯通纵筋 2 ⲏ 25

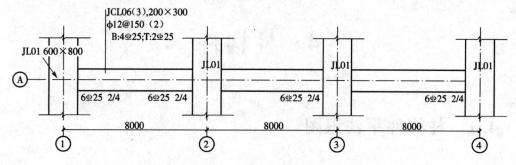

**图 3-27　JCL06 平法施工图**

$$长度=支座锚固长度+支座外延伸长度+支座宽度$$
$$锚固长度=15d=15×25=375(mm)$$
$$支座向跨内伸长度=l_n/3=(8000-600)/3=2467(mm)(b_b 为支座宽度)$$
$$长度=375+2467+600=3442(mm)$$

（4）支座 2、3 底部非贯通纵筋 2 $\Phi$ 25

$$长度=2×延伸长度+支座宽度=2×l_n/3+h_b$$
$$=2×(8000-600)/3+600=5533(mm)$$

（5）箍筋长度

$$长度=2×[(200-50)+(300-50)]+2×11.9×12=1086(mm)$$

（6）箍筋根数

$$三跨总根数=3×[(7400-100)/150+1]$$
$$=149(根)（基础次梁箍筋只布置在净跨内,支座$$
内不布置箍筋）

# 4 柱构件

## 4.1 柱构件平法识图

### 4.1.1 柱列表注写方式

列表注写方式,是指在柱平面布置图上(一般只需采用适当比例绘制一张柱平面布置图,包括框架柱、框支柱、梁上柱和剪力墙上柱),分别在同一编号的柱中选择一个(有时需要选择几个)截面标注几何参数代号;在柱表中注写柱编号、柱段起止标高、几何尺寸(含柱截面对轴线的偏心情况)与配筋的具体数值,并配以各种柱截面形状及其箍筋类型图的方式,来表达柱平法施工图。

柱表的内容规定如下。

(1)注写柱编号

柱编号由类型代号和序号组成,应符合表 4-1 的规定。

表 4-1　柱编号

| 柱类型 | 代号 | 序号 |
| --- | --- | --- |
| 框架柱 | KZ | ×× |
| 框支柱 | KZZ | ×× |
| 芯柱 | XZ | ×× |
| 梁上柱 | LZ | ×× |
| 剪力墙上柱 | QZ | ×× |

注:编号时,当柱的总高、分段截面尺寸和配筋均对应相同,仅截面与轴线的关系不同时,仍可将其编为同一柱号,但应在图中注明截面轴线的关系。

(2)注写柱段起止标高

注写柱段起止标高,自柱根部往上以变截面位置或截面未变但配筋改变处为界分段注写。框架柱和框支柱的根部标高系指基础顶面标高;芯柱的根部标高系指根据结构实际需要而定的起始位置标高;梁上柱的根部标高系指梁顶面标高;剪力墙上柱的根部标高为墙顶面标高。

(3)注写截面几何尺寸

对于矩形柱,截面尺寸用 $b \times h$ 表示,通常,$b \times h$ 及与轴线关系的几何参数代

号 $b_1$、$b_2$ 和 $h_1$、$h_2$ 的具体数值,需对应于各段柱分别注写。其中 $b=b_1+b_2$,$h=h_1+h_2$。当截面的某一边收缩变化至与轴线重合或偏到轴线的另一侧时,$b_1$、$b_2$、$h_1$、$h_2$ 中的某项为零或为负值。

对于圆柱,截面尺寸用 $d$ 表示。为表达简单,圆柱截面与轴线的关系也用 $b_1$、$b_2$ 和 $h_1$、$h_2$ 表示,并使 $d=b_1+b_2=h_1+h_2$。

对于芯柱,根据结构需要,可以在某些框架柱的一定高度范围内,在其内部的中心位置设置(分别引注其柱编号)。芯柱截面尺寸按构造确定,并按本书钢筋构造详图施工,设计不需注写;当设计者采用与本构造详图不同的做法时,应另行注明。芯柱定位随框架柱,不需要注写其与轴线的几何关系。

(4)注写柱纵筋

当柱纵筋直径相同,各边根数也相同时(包括矩形柱、圆柱和芯柱),可将纵筋注写在"全部纵筋"一栏中;除此之外,柱纵筋分角筋、截面 $b$ 边中部筋和 $h$ 边中部筋三项分别注写(对于采用对称配筋的矩形截面柱,可仅注写一侧中部筋,对称边省略不注)。

(5)在箍筋类型栏内注写箍筋的类型号与肢数

具体工程所设计的各种箍筋类型图以及箍筋复合的具体方式,需画在表的上部或图中的适当位置,并在其上标注与表中相对应的 $b$、$h$ 和类型号。常见箍筋类型号所对应的箍筋形状如图 4-1 所示(来自 11G101-1 第 11 页)。

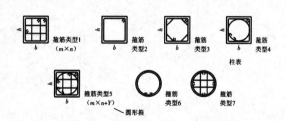

图 4-1　箍筋类型号及所对应的箍筋形状

当为抗震设计时,确定箍筋肢数时要满足对柱纵筋"隔一拉一"以及箍筋肢距的要求。

(6)注写柱箍筋,包括箍筋级别、直径与间距

当为抗震设计时,用斜线"/"区分柱端箍筋加密区与柱身非加密区长度范围内箍筋的不同间距。施工人员需根据标准构造详图的规定,在规定的几种长度值中取其最大者作为加密区长度。当框架节点核芯区内箍筋与柱端箍筋设置不同时,应在括号中注明核芯区箍筋直径及间距。

当箍筋沿柱全高为一种间距时,则不使用"/"线。

当圆柱采用螺旋箍筋时,需在箍筋前加"L"。

## 4.1.2　柱截面注写方式

截面注写方式,是在柱平面布置图的柱截面上,分别在同一编号的柱中选择一个截面,以直接注写截面尺寸和配筋具体数值的方式来表达柱平法施工图。

柱截面注写方式与识图,如图 4-2 所示(来自 11G101-1 第 11 页)。

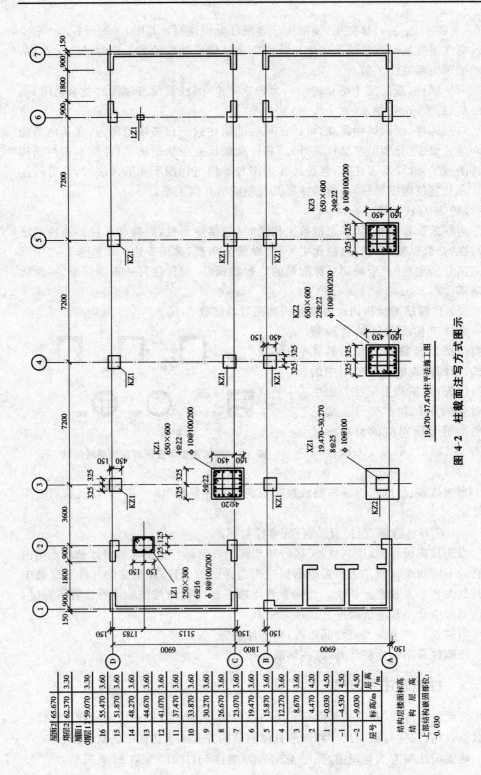

图 4-2　柱截面注写方式图示

截面注写方式中,若某柱带有芯柱,则直接在截面注写中,注写芯柱编号及起止标高,如图 4-3 所示。

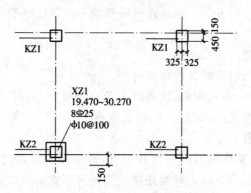

XZ1
19.470~30.270
8Φ25
Φ10@100

**图 4-3　截面注写方式的芯柱表达**

对除芯柱之外的所有柱截面进行编号,从相同编号的柱中选择一个截面,按另一种比例原位放大绘制柱截面配筋图,并在各配筋图上继其编号后再注写截面尺寸 $b×h$、角筋或全部纵筋(当纵筋采用一种直径且能够图示清楚时)、箍筋的具体数值,以及在柱截面配筋图上标注柱截面与轴线关系 $b_1$、$b_2$、$h_1$、$h_2$ 的具体数值。

当纵筋采用两种直径时,需再注写截面各边中部筋的具体数值(对于采用对称配筋的矩形截面柱,可仅在一侧注写中部筋,对称边省略不注)。

当在某些框架柱的一定高度范围内,在其内部的中心位设置芯柱时,首先按照表 3-1 的规定进行编号,继其编号之后注写芯柱的起止标高、全部纵筋及箍筋的具体数值,芯柱截面尺寸按构造确定,并按标准构造详图施工,设计不注;当设计者采用与本构造详图不同的做法时,应另行注明。芯柱定位随框架柱,不需要注写其与轴线的几何关系。

在截面注写方式中,如柱的分段截面尺寸和配筋均相同,仅截面与轴线的关系不同时,可将其编为同一柱号。但此时应在未画配筋的柱截面上注写该柱截面与轴线关系的具体尺寸。

采用截面注写方式绘制柱平法施工图,可按单根柱标准层分别绘制,也可将多个标准层合并绘制。当单根柱标准层分别绘制时,柱平法施工图的图纸数量和柱标准层的数量相等;当将多个标准层合并绘制时,柱平法施工图的图纸数量更少,也更便于施工人员对结构形成整体概念。

# 4.2　柱构件钢筋构造

## 4.2.1　抗震框架柱纵向钢筋连接构造

框架柱纵筋有三种连接方式:绑扎连接、机械连接和焊接连接。

抗震设计时,柱纵向钢筋连接接头互相错开。在同一截面内的钢筋接头面积百分率不应大于 50%。柱的纵筋直径 $d>28$ mm 及偏心受压构件的柱内纵筋,不宜采用绑扎连接的连接方式。框架柱纵筋和地下框架柱纵筋在抗震设计时纵筋连接的主要构造要求如下。

**1.非连接区位置**

抗震框架柱纵向钢筋的非连接区有:

嵌固部位上≥$H_n/3$ 范围内,楼面以上及以下各 $\max(H_n/6,500 \text{ mm},h_c)$ 高度范围内为抗震柱非连接区,如图 4-4 所示(来自 11G101—1 第 57 页)。

**2.接头错开布置**

抗震设计时,框架柱纵筋接头错开布置,搭接接头错开的距离为 $0.3l_{lE}$,采用机械连接接头错开距离≥$35d$,焊接连接接头错开距离 $\max(35d,500 \text{ mm})$。

## 4.2.2 抗震框架柱、剪力墙上柱、梁上柱的箍筋加密区范围

箍筋对混凝土的约束程度是影响框架柱弹塑性变形能力的重要因素之一。从抗震的角度考虑,为增加柱接头搭接整体性以及提高柱承载能力,抗震框架柱(KZ)、剪力墙上柱(QZ)、梁上柱(LZ)的箍筋加密区范围如图 4-5 所示(来自 11G101—1 第 61 页)。

1)柱端取截面高度或圆柱直径、柱净高的 1/6 和 500 mm 三者中的最大值。

2)底层柱的下端不小于柱净高的 1/3。

3)刚性地面上下各 500 mm。

4)剪跨比不大于 2 的柱、因设置填充墙等形成的柱净高与柱截面高度之比不大于 4 的柱、框支柱、一级和二级框架的角柱,取全高。

5)当柱在某楼层各向均无梁连接时,计算箍筋加密范围采用的 $H_n$ 按该跃层柱的总净高取用。

6)墙上起柱,在墙顶面标高以下锚固范围内的柱箍筋按上柱非加密区箍筋要求配置。

7)梁上起柱在梁内设两道柱箍筋。

实践中,为便于施工时确定柱箍筋加密区的高度,可按表 4-2 查用。但表中数值未包括框架嵌固部位柱根部箍筋加密区范围。

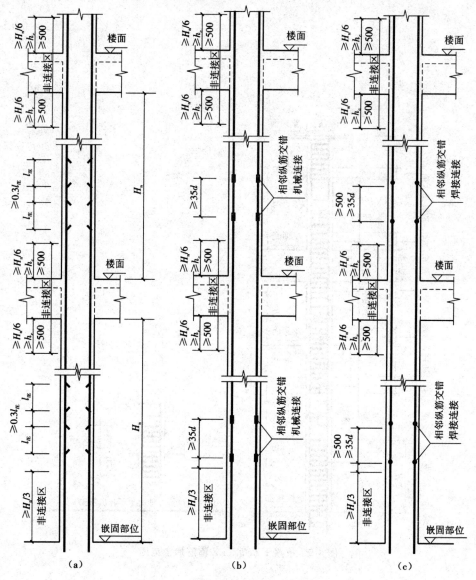

**图4-4 抗震框架柱纵向钢筋构造**

(a)绑扎搭接构造；(b)机械连接构造；(c)焊接连接构造

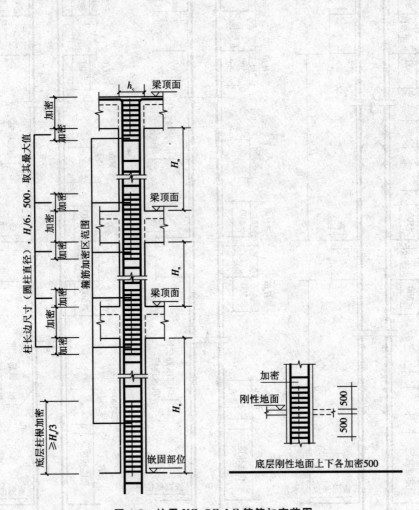

**图 4-5　抗震 KZ、QZ、LZ 箍筋加密范围**

**表 4-2　抗震框架柱和小墙肢箍筋加密区高度选用表（mm）**

| 柱净高 $H_n$ (mm) | 柱截面长边尺寸 $h_c$ 或圆柱直径 $D$ | | | | | | | | | | | | | | | | | | |
| --- | --- | --- | --- | --- | --- | --- | --- | --- | --- | --- | --- | --- | --- | --- | --- | --- | --- | --- | --- |
| | 400 | 450 | 500 | 550 | 600 | 650 | 700 | 750 | 800 | 850 | 900 | 950 | 1000 | 1050 | 1100 | 1150 | 1200 | 1250 | 1300 |
| 1500 | | | | | | | | | | | | | | | | | | | |
| 1800 | 500 | | | | | | | | | | | | | | | | | | |
| 2100 | 500 | 500 | 500 | | | | | | | | | | | | | | | | |
| 2400 | 500 | 500 | 500 | 550 | | | | | | | | | | | | | | | |
| 2700 | 500 | 500 | 500 | 550 | 600 | 650 | | | | | | | | | | | | | |
| 3000 | 500 | 500 | 500 | 550 | 600 | 650 | 700 | | | | | | | | | | | | |
| 3300 | 550 | 550 | 550 | 550 | 600 | 650 | 700 | 750 | 800 | | | | | | | | | | |
| 3600 | 600 | 600 | 600 | 600 | 600 | 650 | 700 | 750 | 800 | 850 | | | | | | | | | |
| 3900 | 650 | 650 | 650 | 650 | 650 | 650 | 700 | 750 | 800 | 850 | 900 | 950 | | | | | | | |
| 4200 | 700 | 700 | 700 | 700 | 700 | 700 | 700 | 750 | 800 | 850 | 900 | 950 | 1000 | | | | | | |
| 4500 | 750 | 750 | 750 | 750 | 750 | 750 | 750 | 750 | 800 | 850 | 900 | 950 | 1000 | 1050 | 1100 | | | | |
| 4800 | 800 | 800 | 800 | 800 | 800 | 800 | 800 | 800 | 800 | 850 | 900 | 950 | 1000 | 1050 | 1100 | 1150 | | | |
| 5100 | 850 | 850 | 850 | 850 | 850 | 850 | 850 | 850 | 850 | 850 | 900 | 950 | 1000 | 1050 | 1100 | 1150 | 1200 | 1250 | |
| 5400 | 900 | 900 | 900 | 900 | 900 | 900 | 900 | 900 | 900 | 900 | 900 | 950 | 1000 | 1050 | 1100 | 1150 | 1200 | 1250 | 1300 |
| 5700 | 950 | 950 | 950 | 950 | 950 | 950 | 950 | 950 | 950 | 950 | 950 | 950 | 1000 | 1050 | 1100 | 1150 | 1200 | 1250 | 1300 |
| 6000 | 1000 | 1000 | 1000 | 1000 | 1000 | 1000 | 1000 | 1000 | 1000 | 1000 | 1000 | 1000 | 1000 | 1050 | 1100 | 1150 | 1200 | 1250 | 1300 |
| 6300 | 1050 | 1050 | 1050 | 1050 | 1050 | 1050 | 1050 | 1050 | 1050 | 1050 | 1050 | 1050 | 1050 | 1050 | 1100 | 1150 | 1200 | 1250 | 1300 |
| 6600 | 1100 | 1100 | 1100 | 1100 | 1100 | 1100 | 1100 | 1100 | 1100 | 1100 | 1100 | 1100 | 1100 | 1100 | 1100 | 1150 | 1200 | 1250 | 1300 |
| 6900 | 1150 | 1150 | 1150 | 1150 | 1150 | 1150 | 1150 | 1150 | 1150 | 1150 | 1150 | 1150 | 1150 | 1150 | 1150 | 1150 | 1200 | 1250 | 1300 |
| 7200 | 1200 | 1200 | 1200 | 1200 | 1200 | 1200 | 1200 | 1200 | 1200 | 1200 | 1200 | 1200 | 1200 | 1200 | 1200 | 1200 | 1200 | 1250 | 1300 |

（表中空白三角形区域标注：箍筋全高加密）

注：① 表内数值未包括框架嵌固部位柱根部箍筋加密区范围。
　　② 柱净高（包括因嵌砌填充墙等形成的柱净高）与柱截面长边尺寸（圆柱为截面直径）的比值 $H_n/h_c \leqslant 4$ 时，箍筋沿柱全高加密。
　　③ 小墙肢即墙肢截面长度不大于 4 倍墙厚的剪力墙。矩形小墙肢的厚度不大于 300 时，箍筋全高加密。

## 4.2.3 非抗震框架柱的纵向钢筋构造连接方式

当框架柱设计时无需考虑动荷载,只考虑静力荷载作用时,一般按非抗震 KZ 设计。非抗震框架柱常用的纵筋连接方式有绑扎搭接、焊接连接、机械连接三种方式,纵筋的连接要求,见图 4-6(来自 11G101-1 第 63 页)。非抗震框架柱尚应满足以下构造要求。

1)柱相邻纵向钢筋连接接头相互错开,在同一截面内的钢筋接头面积百分率不宜大于 50%。

2)轴心受拉以及小偏心受拉柱内的纵筋,不得采用绑扎搭接接头,设计者应在平法施工图中注明其平面位置及层数。

3)上柱钢筋比下柱多时,钢筋的连接见图 4-7 中的(a);上柱钢筋直径比下柱钢筋直径大时,钢筋的连接见图 4-7 中的(b);下柱钢筋比上柱多时,钢筋的连接见图 4-7 中的(c);下柱钢筋直径比上柱钢筋直径大时,钢筋的连接见图 4-7 中的(d)。图 4-7 中可为绑扎搭接、机械连接或对焊连接中的任一种(来自 11G101-1 第 63 页)。

4)框架柱纵向钢筋直径 $d > 28$ 时,不宜采用绑扎搭接接头。

5)机械连接和焊接接头的类型及质量应符合国家现行有关标准的规定。

## 4.2.4 框架梁上起柱钢筋锚固构造

框架梁上起柱,指一般抗震或非抗震框架梁上的少量起柱(例如:支撑层间楼梯梁的柱等),其构造不适用于结构转换层上的转换大梁起柱。

框架梁上起柱,框架梁是柱的支撑,因此,当梁宽度大于柱宽度时,柱的钢筋能比较可靠地锚固到框架梁中,当梁宽度小于柱宽时,为使柱钢筋在框架梁中锚固可靠,应在框架梁上加侧腋以提高梁对柱钢筋的锚固性能。

柱插筋伸入梁中竖直锚固长度应 $\geqslant 0.5 l_{ab}$,水平弯折 $12d$,$d$ 为柱插筋直径。

柱在框架梁内应设置两道柱箍筋,当柱宽度大于梁宽时,梁应设置水平加腋。其构造要求如图 4-8 所示。抗震梁上起柱钢筋排布构造如图 4-9 所示(来自 12G901-1 第 62 页),非抗震梁上起柱钢筋排布构造如图 4-10 所示(来自 12G901-1 第 63 页)。

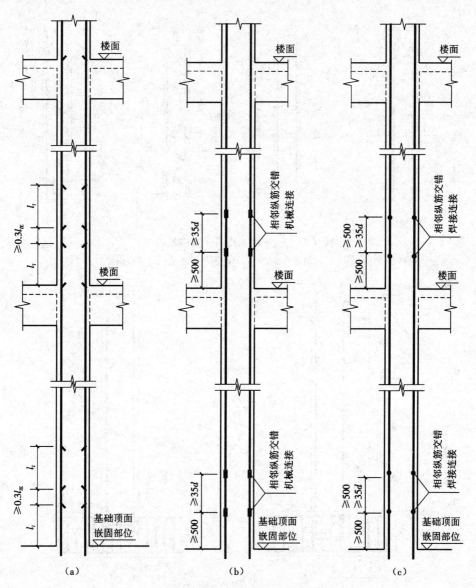

**图 4-6 非抗震 KZ 纵向钢筋连接构造**

(a)绑扎搭接；(b)机械连接；(c)焊接连接

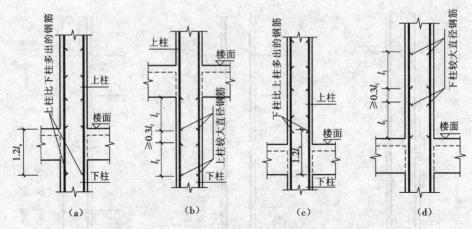

**图 4-7  上、下柱钢筋不同时钢筋构造**

(a)钢筋的连接(一);(b)钢筋的连接(二);(c)钢筋的连接(三);(d)钢筋的连接(四)

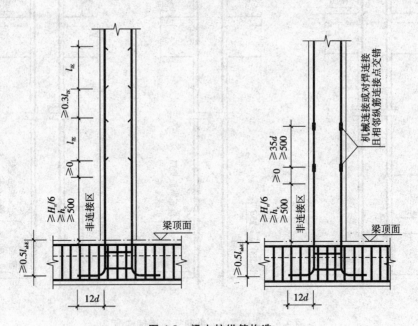

**图 4-8  梁上柱纵筋构造**

(a)绑扎连接;(b)机械/焊接连接

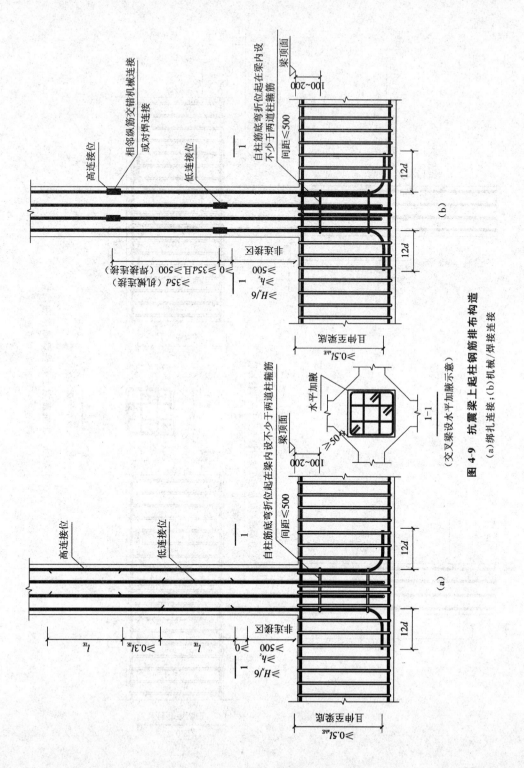

图 4-9 抗震梁上起柱钢筋排布构造
(a) 绑扎连接；(b) 机械/焊接连接

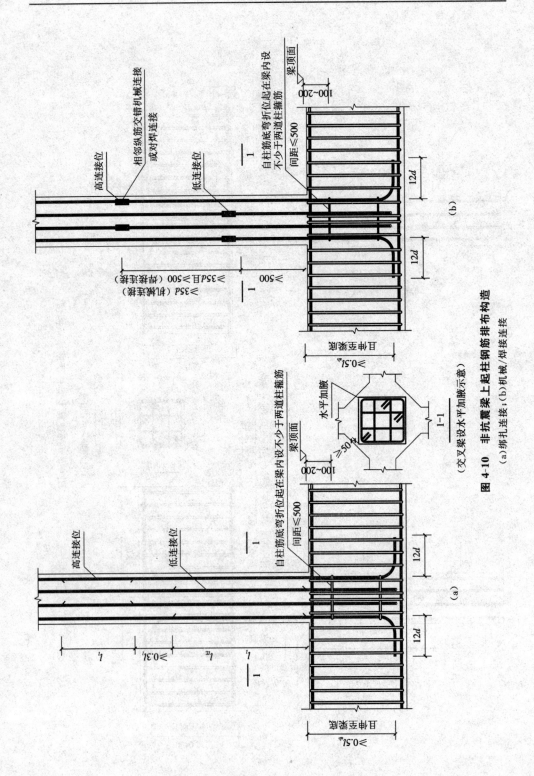

图 4-10　非抗震梁上起柱钢筋排布构造

(a)绑扎连接；(b)机械/焊接连接

## 4.2.5　地下室抗震框架柱纵向钢筋构造做法

地下室抗震框架柱纵向钢筋连接构造共分为绑扎搭接、机械连接、焊接连接三种连接方式，如图 4-11 所示（来自 11G101－1 第 58 页）。

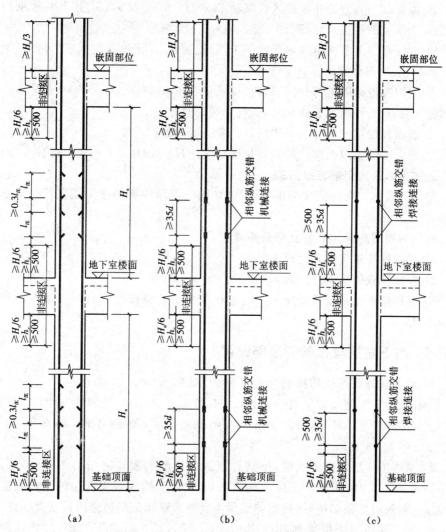

**图 4-11　地下室抗震 KZ 纵向钢筋连接构造**

（a）绑扎搭接；（b）机械连接；（c）焊接连接

**1. 柱纵筋的非连接区**

1）基础顶面以上有一个"非连接区"，其长度≥max($H_n/6$,$h_c$,500)（$H_n$ 是从基础顶面到顶板梁底的柱的净高；$h_c$ 为柱截面长边尺寸，圆柱为截面直径）。

2）地下室楼层梁上下部位的范围形成一个"非连接区"，其长度包括三个部分:梁底以下部分、梁中部分和梁顶以上部分。

① 梁底以下部分的非连接区长度$\geqslant\max(H_n/6,h_c,500)$($H_n$是所在楼层的柱净高;$h_c$为柱截面长边尺寸,圆柱为截面直径)。

② 梁中部分的非连接区长度＝梁的截面高度。

③ 梁顶以上部分的非连接区长度$\geqslant\max(H_n/6,h_c,500)$($H_n$是上一楼层的柱净高;$h_c$为柱截面长边尺寸,圆柱为截面直径)。

3) 嵌固部位上下部范围内形成一个"非连接区",其长度包括三个部分:梁底以下部分、梁中部分和梁顶以上部分。

① 嵌固部位梁以下部分的非连接区长度$\geqslant\max(H_n/6,h_c,500)$($H_n$是所在楼层的柱净高;$h_c$为柱截面长边尺寸,圆柱为截面直径)。

② 嵌固部位梁中部分的非连接区长度＝梁的截面高度。

③ 嵌固部位梁以上部分的非连接区长度$\geqslant H_n/3$($H_n$是上一楼层的柱净高)。

**2. 柱相邻纵向钢筋连接接头**

柱相邻纵向钢筋连接接头相互错开,在同一截面内钢筋接头面积百分率不应大于 50%。

柱纵向钢筋连接接头相互错开距离:

1) 机械连接接头错开距离$\geqslant 35d$。

2) 焊接连接接头错开距离$\geqslant 35d$ 且$\geqslant 500$ mm。

3) 绑扎搭接连接搭接长度 $l_{lE}$($l_{lE}$是抗震的绑扎搭接长度),接头错开的静距离$\geqslant 0.3 l_{lE}$。

## 4.2.6 地下室抗震框架的箍筋设置

1) 地下室抗震框架的箍筋加密区间为:基础顶面以上 $\max(H_n/6,500$ mm,$h_c$)范围内、地下室楼面以上以下各 $\max(H_n/6,500$ mm,$h_c$)范围内、嵌固部位以上$\geqslant H_n/3$ 及其以下($H_n/6,500$ mm,$h_c$)高度范围内,如图 4-12(a)所示(来自 11G101-1 第 58 页)。

2) 当地下一层增加钢筋时,钢筋在嵌固部位的锚固构造如图 4-12(b)所示。当采用弯锚结构时,钢筋伸至梁顶向内弯折$12d$,且锚入嵌固部位的竖向长度$\geqslant 0.5 l_{abE}$。当采用直锚结构时,钢筋伸至梁顶且锚入嵌固部位的竖向长度$\geqslant l_{aE}$。

3) 框架柱和地下框架柱箍筋绑扎连接范围($2.3 l_{aE}$)内需加密,加密间距为 $\min(5d,100$ mm)。

4) 刚性地面以上和以下各 500 mm 范围内箍筋需加密,如图 4-13 所示(来自 11G101-1 第 61 页)。

图 4-13 中所示"刚性地面"是指:基础以上墙体两侧的回填土应分层回填夯实(回填土和压实密度应符合国家有关规定),在压实土层上铺设的混凝土面层厚度不应小于 150 mm,这样在基础埋深较深的情况下,设置该刚性地面能对埋入地下

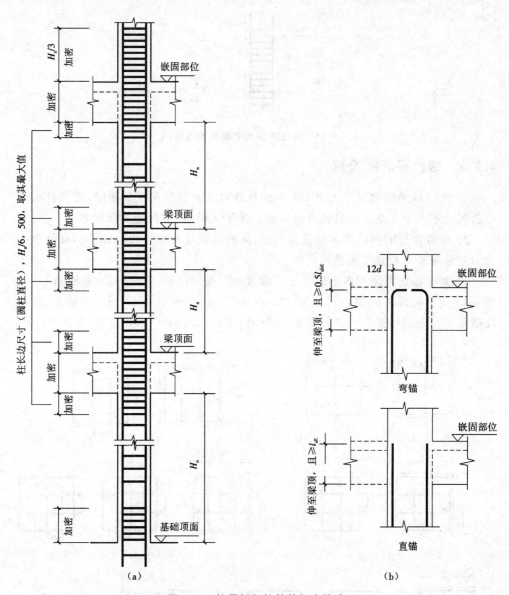

**图 4-12　抗震框架柱箍筋加密构造**

(a)地下室顶板为上部结构的嵌固部位;(b)地下一层增加钢筋在嵌固部位的锚固构造

的墙体在一定程度上起到侧面嵌固或约束的作用。箍筋在刚性地面上下 500 mm 范围内加密是考虑了这种刚性地面的非刚性约束的影响。另外,以下几种形式也可视作刚性地面:

① 花岗岩板块地面和其他岩板块地面为刚性地面。

② 厚度 200 mm 以上,混凝土强度等级不小于 C20 的混凝土地面为刚性地面。

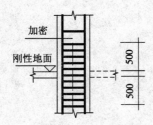

**图 4-13　刚性地面上下箍筋加密范围**

## 4.2.7　复合箍筋的设置

1) 当柱截面短边尺寸大于 400 mm 且各边纵向钢筋多于 3 根时,或当柱截面短边尺寸不大于 400 mm 但各边纵向钢筋多于 4 根时,应设置复合箍筋。

2) 设置在柱的周边的纵向受力钢筋,除圆形截面外,$b>400$ mm 时,宜使纵向受力钢筋每隔一根置于箍筋转角处。

3) 复合箍筋可采用多个矩形箍组成或矩形箍加拉筋、三角形筋、菱形筋等。

4) 矩形截面柱的复合箍筋形式如图 4-14 所示(来自 11G101-1 第 67 页)。柱横截面复合箍筋排布构造如图 4-15 所示(来自 12G901-1 第 21、22 页)。

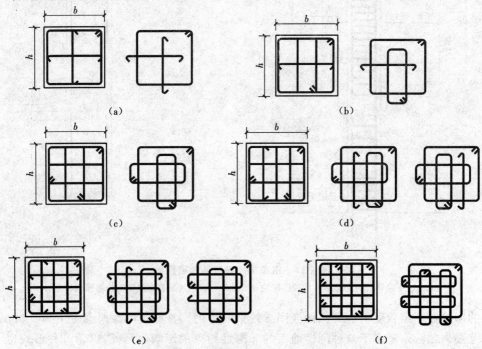

**图 4-14　矩形截面柱的复合箍筋形式**

(a)箍筋肢数 3×3;(b)箍筋肢数 4×3;(c)箍筋肢数 4×4;(d)箍筋肢数 5×4;
(e)箍筋肢数 5×5;(f)箍筋肢数 6×6;(g)箍筋肢数 6×5;(h)箍筋肢数 7×6;
(i)箍筋肢数 7×7;(j)箍筋肢数 8×7;(k)箍筋肢数 8×8

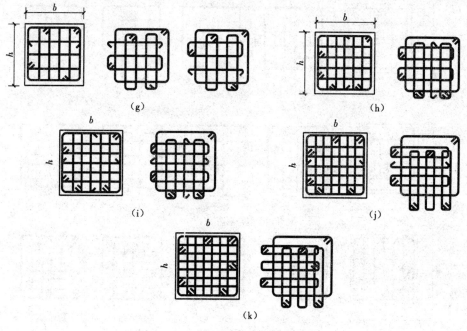

续图 4-14 矩形截面柱的复合箍筋形式

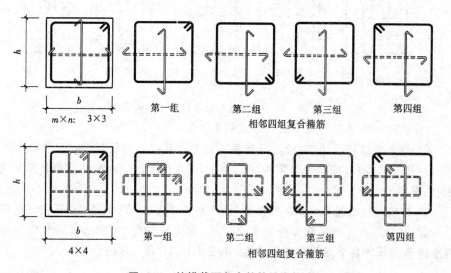

图 4-15 柱横截面复合箍筋排布构造

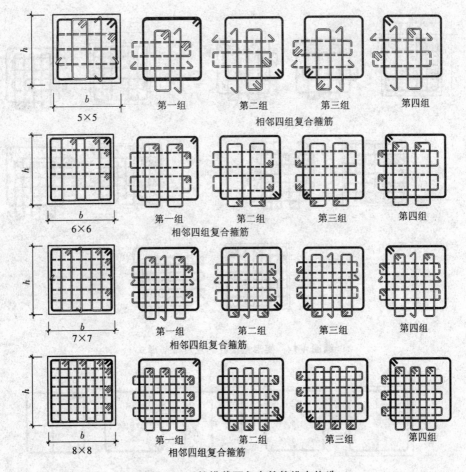

续图 4-15　柱横截面复合箍筋排布构造

5）矩形复合筛筋的基本复合方式如下。

① 沿复合箍筋周边,箍筋局部重叠不宜多于两层。以复合箍筋最外围的封闭箍筋为基准,柱内的横向箍筋紧挨其设置在下(或在上),柱内纵向箍筋紧挨其设置在上(或在下)。

② 柱内复合箍筋可全部采用拉筋,拉筋须同时钩住纵向钢筋和外围封闭箍筋。

③ 为使箍筋外围局部重叠不多于两层,当拉筋设在旁边时,可沿竖向将相邻两道箍筋按其各自平面位置交错放置,如图 4-14(d)、(e)、(g)所示。

# 4.3　柱构件钢筋计算实例

## 【例 4-1】

KZ8 平法施工图,见图 4-16。试求 KZ8 的纵筋及箍筋。其中,混凝土强度等级为 C30,抗震等级为一级。

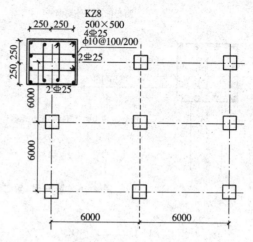

| 层号 | 顶标高 | 层高 | 梁高 |
|---|---|---|---|
| 4 | 15.9 | 3.6 | 600 |
| 3 | 12.3 | 3.6 | 700 |
| 2 | 8.7 | 4.2 | 700 |
| 1 | 4.5 | 4.5 | 700 |
| 基础 | −0.8 | — | 基础厚度：500 |

图 4-16　KZ8 平法施工图

**【解】**

（1）区分内、外侧钢筋

外侧钢筋总根数为 7 根，见图 4-17。

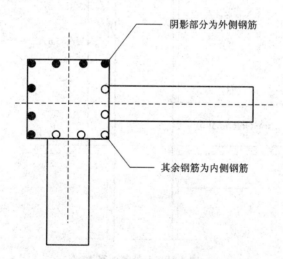

图 4-17　内外侧钢筋示意图

（2）区分内、外侧钢筋中的第一层、第二层钢筋，以及伸入梁板内不同长度的钢筋，见图 4-18

（3）计算每一种钢筋

1）1 号筋计算图见图 4-19。

$$1 号筋低位长度 = 净高 - 下部非连接区高度 + 伸入梁板内长度$$

$$下部非连接区高度 = \max(H_n/6, h_c, 500)$$

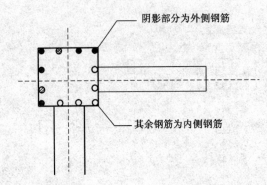

| ①号筋 | ● | 不少于65%的柱外侧钢筋伸入梁内<br>7×65%=5（根） |
|---|---|---|
| ②号筋 | ⊗ | 其余外侧钢筋中，位于第一层的，伸至柱内侧边下弯8d，共1根 |
| ③号筋 | ⊘ | 其余外侧钢筋中，位于第二层的，伸至柱内侧边，共1根 |
| ④号筋 | ○ | 内侧钢筋，共6根 |

图 4-18 第一层、第二层钢筋示意图

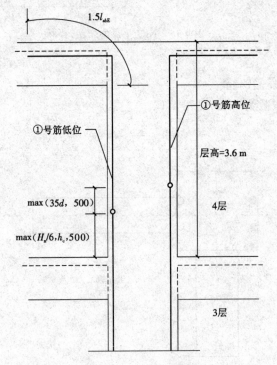

图 4-19 1号筋计算图

$$=\max[(3600-600)/6,500,500]$$
$$=500(\text{mm})$$

伸入梁板内长度 $=1.5l_{abE}=1.5\times33\times25=1238(\text{mm})$

1号筋低位总长度 $=(3600-600)-500+1238=3738(\text{mm})$

1号筋高位长度＝净高－下部非连接区高度－错开连接高度＋伸入梁板内长度

下部非连接区高度＝$\max(H_n/6, h_c, 500)$
$$＝\max[(3600－600)/6, 500, 500]$$
$$＝500(\text{mm})$$

错开连接高度＝$\max(35d, 500)＝875(\text{mm})$

伸入梁板内长度＝$1.5l_{aE}＝1.5\times33\times25＝1238(\text{mm})$

1号筋高位总长度＝$(3600－600)－500－875＋1238＝2863(\text{mm})$

2）2号筋计算图见图4-20。

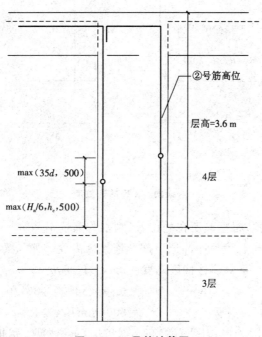

图4-20　2号筋计算图

2号筋只有1根，根据其所在的位置，判别为高位钢筋。

2号筋高位长度＝净高－下部非连接区高度－错开连接高度＋伸入梁板内长度

下部非连接区高度＝$\max(H_n/6, h_c, 500)$
$$＝\max[(3600－600)/6, 500, 500]$$
$$＝500(\text{mm})$$

伸入梁板内长度＝（梁高保护层）＋（柱宽－保护层）＋$8d$
$$＝(600－20)＋(500－40)＋8\times25$$
$$＝1240(\text{mm})$$

错开连接高度＝$\max(35d, 500)＝875(\text{mm})$

2号筋高位总长度＝$(3600－600)－500－875＋1240＝2865(\text{mm})$

3）3号筋计算图见图4-21。

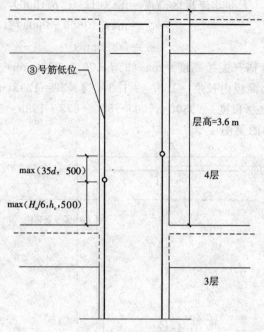

**图 4-21    3 号筋计算图**

3 号筋只有 1 根,根据其所在的位置,判别为高位钢筋

3 号筋低位长度＝净高－下部非连接区高度＋伸入梁板内长度

下部非连接区高度＝$\max(H_n/6, h_c, 500)$

$$＝\max[(3600-600)/6, 500, 500]$$

$$＝500(\text{mm})$$

伸入梁板内长度＝(梁高－保护层)＋(柱宽－保护层)

$$＝(600-20)+(500-40)$$

$$＝1040(\text{mm})$$

3 号筋低位总长度＝$(3600-600)-500+1010＝3540(\text{mm})$

4) 4 号筋计算图,见图 4-22。

首先,判别 4 号筋的锚固方式。

由于$(h_b-700)<(l_{aE}＝34d＝34\times25＝850)$,KZ4 中所有纵筋伸入顶层梁板内弯锚

④ 号筋低位长度＝本层净高－本层非连接区高度＋(梁高－保护层＋$12d$)

本层非连接区高度＝$\max(H_n/6, h_c, 500)$

$$＝\max[(3600-600)/6, 500, 500]$$

$$＝500(\text{mm})$$

④ 号筋低位总长＝$(3600-600)-500+(600-20+12d)$

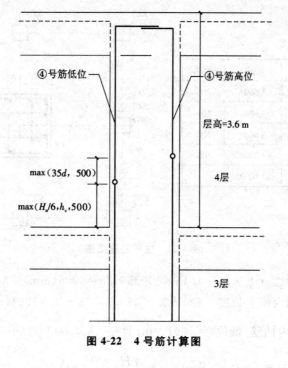

图 4-22　4 号筋计算图

$$=(3600-600)-500+(600-20+12\times25)$$
$$=3360(\text{mm})$$

④ 号筋高位长度＝本层净高－本层非连接区高度－错开连接高度＋（梁高－保护层＋12d）

$$\text{本层非连接区高度}=\max(H_\text{n}/6,h_\text{c},500)$$
$$=\max[(3600-600)/6,500,500]$$
$$=500(\text{mm})$$

$$\text{错开连接高度}=\max(35d,500)=875(\text{mm})$$

④ 号筋高位总长＝$(3600-600)-500-875+(600-20+12d)$
$$=(3600-600)-500-875+(600-20+12\times25)$$
$$=2485(\text{mm})$$

【例 4-2】

柱平法施工图如图 4-23 所示，与其对应的传统结构施工图如图 4-24 所示。已知：环境类别为一类，梁、柱保护层厚度为 20 mm，基础保护层厚度为 40 mm，筏板基础纵横钢筋直径均为 22 mm，混凝土强度等级为 C30，抗震等级为二级，嵌固部位为地下室顶板，计算图示截面 KZ1 的纵筋及箍筋。

【解】

（1）判断基础插筋构造形式并计算插筋长度

| 层号 | 顶标高 | 层高 | 梁高 |
|------|--------|------|------|
| 3 | 10.800 | 3.600 | 700 |
| 2 | 7.200 | 3.600 | 700 |
| 1 | 3.600 | 3.600 | 700 |
| −1 | ±0.000 | 4.200 | 700 |
| 筏板基础 | −4.200 | 基础厚800 | |

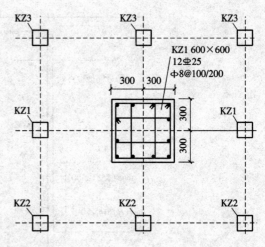

**图 4-23　柱平法施工图**

$$l_{aE} = \zeta_{aE} l_a = \zeta_{aE} \cdot \zeta_a \cdot l_{ab} = 1.15 \times 1 \times 35 \times 25 = 1006(\text{mm}) > h_j = 800 \text{ mm}$$

$$\text{基础内钢筋长度} = 800 + 15 \times 25 - 2 \times 22 - 40 = 1091(\text{mm})$$

$$\text{基础内插筋(低位)} = 1091 + \max\left(\frac{H_n}{6}, h_c, 500\right) = 1691(\text{mm})$$

$$\text{基础内插筋(高位)} = 1091 + \max\left(\frac{H_n}{6}, h_c, 500\right) + \max(500, 35d)$$

$$= 1091 + 600 + 875$$

$$= 2566(\text{mm})$$

（2）计算负 1 层柱纵筋长度

$$\text{负 1 层伸出地下室顶面的非连接区高度} = \frac{H_n}{3} = \frac{3600 - 700}{3} = 967(\text{mm})$$

$$\text{纵筋长度(低位)} = 4200 - 600 + 967 = 4567(\text{mm})$$

$$\text{纵筋长度(高位)} = 4200 - \max\left(\frac{4200 - 700}{6}, h_c, 500\right) - \max(35d, 500) +$$

$$\max\left(\frac{3600 - 700}{6}, h_c, 500\right) + \max(35d, 500)$$

$$= 4200 - 600 + 967$$

$$= 4567(\text{mm})$$

（3）计算 1 层柱纵筋长度

$$\text{1 层伸入 2 层的非连接区高度} = \max\left(\frac{H_n}{6}, h_c, 500\right)$$

$$= \max\left(\frac{3600 - 700}{6}, 600, 500\right)$$

$$= 600(\text{mm})$$

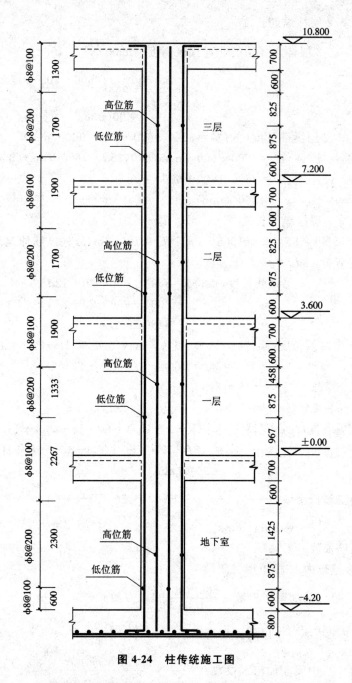

**图 4-24  柱传统施工图**

$$1 层纵筋长度(低位) = 3600 - 967 + 600 = 3233(mm)$$

$$1 层纵筋长度(高位) = 3600 - 967 - \max(500,35d) + 600 + \max(500,35d)$$

$$= 3600 - 967 + 600$$

$$= 3233(mm)$$

（4）计算 2 层柱纵筋长度

$$2 \text{ 层伸入 } 3 \text{ 层的非连接区高度} = \max\left(\frac{H_n}{6}, h_c, 500\right)$$

$$= \max\left(\frac{3600-700}{6}, 600, 500\right)$$

$$= 600(\text{mm})$$

$$2 \text{ 层纵筋长度（低位）} = 3600-600+600 = 3600(\text{mm})$$

$$2 \text{ 层纵筋长度（高位）} = 3600-600-\max(500,35d)+600+\max(500,35d)$$

$$= 3600-600+600$$

$$= 3600(\text{mm})$$

（5）计算 3 层柱纵筋长度

$l_{aE} = 1.15 \times 1 \times 35 \times 25 = 1006(\text{mm}) > h_b = 700 \text{ mm}$，故柱纵筋伸至顶部混凝土保护层位置弯折 $12d$。

$$3 \text{ 层纵筋长度（低位）} = 3600-600-20+12d$$

$$= 3600-600-20+300$$

$$= 3280(\text{mm})$$

$$3 \text{ 层纵筋长度（高位）} = 3600-600-\max(500,35d)-20+12d$$

$$= 3600-600-875-20+12 \times 25$$

$$= 2405(\text{mm})$$

（6）箍筋长度

$$\text{单根箍筋长度（中心线算法）} = [(b-2c-d_{箍})+(h-2c-d_{箍})+11.9d_{箍}] \times 2$$

$$= [(600-20 \times 2-8)+(600-20 \times 2-8)+11.9 \times 8] \times 2$$

$$= 2399(\text{mm})$$

$$\text{里小箍筋长度} = \left[\frac{600-20 \times 2-8}{3}+(600-20 \times 2-8)+11.9 \times 8\right] \times 2$$

$$= 1664(\text{mm})$$

（7）箍筋根数

1）筏板基础内：2 根矩形封闭箍

2）负 1 层底部加密区根数 $= \dfrac{600-50}{100}+1 = 7(\text{根})$

负 1 层顶部至 1 层底部加密区根数 $= \dfrac{600+700+967}{100}+1 = 24(\text{根})$

负 1 层中间非加密区根数 $= \dfrac{4200-600-700-600}{200}-1 = 11(\text{根})$

3）1 层顶部至 2 层底部加密区根数 $= \dfrac{600+700+600}{100}+1 = 20(\text{根})$

1 层中间非加密区根数 $= \dfrac{3600-967-700-600}{200}-1 = 6(\text{根})$

4) 2 层顶部至 3 层底部加密区根数 $= \dfrac{600+700+600}{100}+1 = 20$（根）

　　2 层中间非加密区根数 $= \dfrac{3600-600-700-600}{200}-1 = 8$（根）

5) 3 层顶部加密区根数 $= \dfrac{600+700}{100}+1 = 14$（根）

　　3 层中间非加密区根数 $= \dfrac{3600-600-700-600}{200}-1 = 8$（根）

# 5 梁构件

## 5.1 梁构件平法识图

### 5.1.1 梁平面注写方式

梁的平面注写方式,系在梁平面布置图上,分别在不同编号的梁中各选一根梁,在其上注写截面尺寸及配筋具体数值的方式来表达梁平法施工图,如图5-1所示(来自11G101—1第25页)。

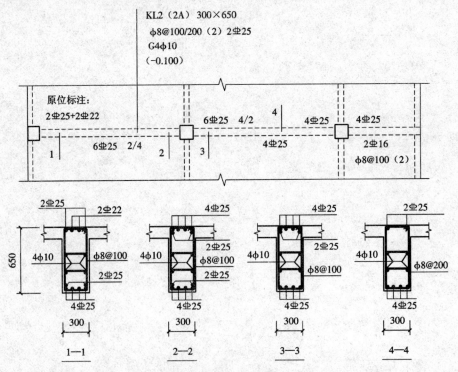

图5-1 梁构件平面注写方式

平面注写包括集中标注与原位标注,集中标注表达梁的通用数值,原位标注表达梁的特殊数值。当集中标注中的某项数值不适用于梁的某部位时,则将该项数值原位标注,施工时,原位标注取值优先。

**1. 集中标注**

集中标注包括以下内容。

（1）梁编号

梁编号为必注值，表达形式见表 5-1。

表 5-1　梁编号

| 梁类型 | 代号 | 序号 | 跨数及是否带有悬挑 |
|---|---|---|---|
| 楼层框架梁 | KL | ×× | （××）、（××A）或（××B） |
| 屋面框架梁 | WKL | ×× | （××）、（××A）或（××B） |
| 非框架梁 | L | ×× | （××）、（××A）或（××B） |
| 框支梁 | KZL | ×× | （××）、（××A）或（××B） |
| 悬挑梁 | XL | ×× | |
| 井字梁 | JZL | ×× | （××）、（××A）或（××B） |

注：（××A）为一端有悬挑，（××B）为两端有悬挑，悬挑不计入跨数。井字梁的跨数见有
　　关内容。

（2）梁截面尺寸

截面尺寸的标注方法如下：

当为等截面梁时，用 $b×h$ 表示；

当为竖向加腋梁时，用 $b×h$ GY$c_1×c_2$ 表示，其中 $c_1$ 表示腋长，$c_2$ 表示腋高，如图 5-2 所示（来自 11G101－1 第 26 页）。

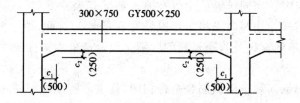

图 5-2　竖向加腋梁标注

当为水平加腋梁时，用 $b×h$ PY$c_1×c_2$ 表示，其中 $c_1$ 表示腋长，$c_2$ 表示腋宽，如图 5-3 所示（来自 11G101－1 第 26 页）。

当有悬挑梁且根部和端部的高度不同时，用斜线分隔根部与端部的高度值，即为 $b×h_1/h_2$，如图 5-4 所示（来自 11G101－1 第 26 页）。

（3）梁箍筋

梁箍筋，包括钢筋级别、直径、加密区与非加密区间距及肢数，该项为必注值。箍筋加密区与非加密区的不同间距及肢数需用斜线"/"分隔；当梁箍筋为同一种间

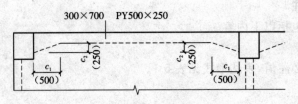

图 5-3　水平加腋梁标注

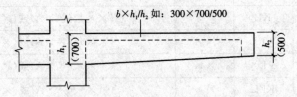

图 5-4　悬挑梁不等高截面标注

距及肢数时,则不需用斜线;当加密区与非加密区的箍筋肢数相同时,则将肢数注写一次;箍筋肢数应写在括号内。加密区范围见相应抗震等级的标准构造详图。

当抗震设计中的非框架梁、悬挑梁、井字梁,及非抗震设计中的各类梁采用不同的箍筋间距及肢数时,也用斜线"/"将其分隔开来。注写时,先注写梁支座端部的箍筋(包括箍筋的箍数、钢筋级别、直径、间距与肢数),在斜线后注写梁跨中部分的箍筋间距及肢数。

(4)梁上部通长筋或架立筋

梁构件的上部通长筋或架立筋配置(通长筋可为相同或不同直径采用搭接连接、机械连接或焊接连接的钢筋),所注规格与根数应根据结构受力要求及箍筋肢数等构造要求而定。当同排纵筋中既有通长筋又有架立筋时,应用加号"+"将通长筋和架立筋相联。注写时需将角部纵筋写在加号的前面,架立筋写在加号后面的括号内,以示不同直径及与通长筋的区别。当全部采用架立筋时,则将其写入括号内。

当梁的上部纵筋和下部纵筋为全跨相同,且多数跨配筋相同时,此项可加注下部纵筋的配筋值,用分号";"将上部与下部纵筋的配筋值分隔开来表达。少数跨不同者,则将该项数值原位标注。

(5)梁侧面纵向构造钢筋或受扭钢筋配置

当梁腹板高度 $h_w \geqslant 450$ mm 时,需配置纵向构造钢筋,所注规格与根数应符合规范规定。此项注写值以大写字母 G 打头,接续注写设置在梁两个侧面的总配筋值,且对称配置。

当梁侧面需配置受扭纵向钢筋时,此项注写值以大写字母 N 打头,接续注写配置在梁两个侧面的总配筋值,且对称配置。受扭纵向钢筋应满足梁侧面纵向构造钢筋的间距要求,且不再重复配置纵向构造钢筋。

注:① 当为梁侧面构造钢筋时,其搭接与锚固长度可取为 $15d$。

② 当为梁侧面受扭纵向钢筋时,其搭接长度为 $l_l$ 或 $l_{lE}$(抗震),锚固长度为 $l_a$ 或 $l_{aE}$(抗震);其锚固方式同框架梁下部纵筋。

(6)梁顶面标高高差

梁顶面标高高差,系指相对于结构层楼面标高的高差值;对于位于结构夹层的梁,则指相对于结构夹层楼面标高的高差。有高差时,需将其写入括号内,无高差时不注。

注:当某梁的顶面高于所在结构层的楼面标高时,其标高高差为正值,反之为负值。

**2.原位标注**

原位标注的内容如下。

(1)梁支座上部纵筋

梁支座上部纵筋,是指标注该部位含通长筋在内的所有纵筋。

1)当上部纵筋多于一排时,用斜线"/"将各排纵筋自上而下分开。

2)当同排纵筋有两种直径时,用"+"将两种直径的纵筋相连,注写时角筋写在前面。

3)当梁中间支座两边的上部纵筋不同时,须在支座两边分别标注;当梁中间支座两边的上部纵筋相同时,可仅在支座的一边标注配筋值,另一边省去不注,如图 5-5 所示(来自 11G101-1 第 28 页)。

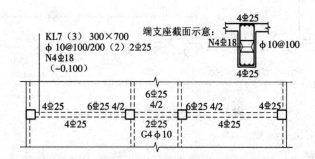

**图 5-5 梁中间支座两边的上部纵筋不同注写方式**

(2)梁下部纵筋

1)当下部纵筋多于一排时,用斜线"/"将各排纵筋自上而下分开。

2)当同排纵筋有两种直径时,用加号"+"将两种直径的纵筋相连,注写时角筋写在前面。

3)当梁下部纵筋不全部伸入支座时,将梁支座下部纵筋减少的数量写在括号内。

4)当梁的集中标注中已分别注写了梁上部和下部均为通长的纵筋值时,则不需在梁下部重复做原位标注。

5）当梁设置竖向加腋时,加腋部位下部斜纵筋应在支座下部以 Y 打头注写在括号内(图 5-6)(来自 11G101－1 第 29 页),图集中框架梁竖向加腋结构适用于加腋部位参与框架梁计算,其他情况设计者应另行给出构造。当梁设置水平加腋时,水平加腋内上、下部斜纵筋应在加腋支座上部以 Y 打头注写在括号内,上下部斜纵筋之间用"/"分隔(图 5-7)(来自 11G101－1 第 29 页)。

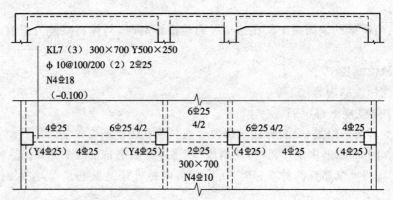

**图 5-6 梁加腋平面注写方式**

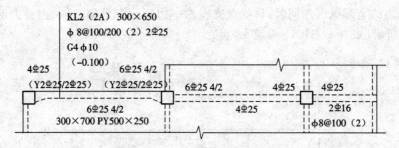

**图 5-7 梁水平加腋平面注写方式**

（3）修正内容

当在梁上集中标注的内容(即梁截面尺寸、箍筋、上部通长筋或架立筋,梁侧面纵向构造钢筋或受扭纵向钢筋,以及梁顶面标高高差中的某一项或几项数值)不适用于某跨或某悬挑部分时,则将其不同数值原位标注在该跨或该悬挑部位,施工时应按原位标注数值取用。

当在多跨梁的集中标注中已注明加腋,而该梁某跨的根部却不需要加腋时,则应在该跨原位标注等截面的 $b \times h$,以修正集中标注中的加腋信息(图 5-6)。

（4）附加箍筋或吊筋

平法标注是将其直接画在平面图中的主梁上,用线引注总配筋值(附加箍筋的肢数注在括号内)(图 5-8)(来自 11G101－1 第 30 页)。当多数附加箍筋或吊筋相同时,可在梁平法施工图上统一注明,少数与统一注明值不同时,再原位引注。

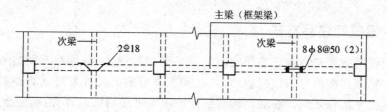

图 5-8 附加箍筋和吊筋的画法示例

### 3. 井字梁注写方式

井字梁通常由非框架梁构成,并以框架梁为支座(特殊情况下以专门设置的非框架大梁为支座)。在此情况下,为明确区分井字梁与作为井字梁支座的梁,井字梁用单粗虚线表示(当井字梁顶面高出板面时可用单粗实线表示),作为井字梁支座的梁用双细虚线表示(当梁顶面高出板面时可用双细实线表示)。

井字梁系指在同一矩形平面内相互正交所组成的结构构件,井字梁所分布范围称为"矩形平面网格区域"(简称"网格区域")。当在结构平面布置中仅有由四根框架梁框起的一片网格区域时,所有在该区域相互正交的井字梁均为单跨;当有多片网格区域相连时,贯通多片网格区域的井字梁为多跨,且相邻两片网格区域分界处即为该井字梁的中间支座。对某根井字梁编号时,其跨数为其总支座数减1;在该梁的任意两个支座之间,无论有几根同类梁与其相交,均不作为支座(图5-9)(来自11G101-1第30页)。

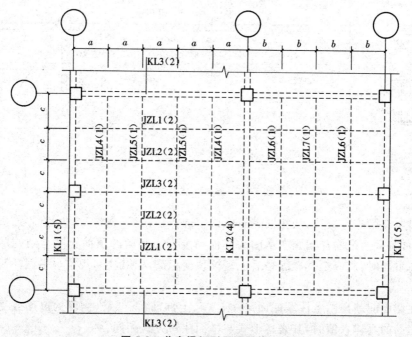

图 5-9 井字梁矩形平面网格区域

## 5.1.2 梁截面注写方式

截面注写方式是在分标准层绘制的梁平面布置图上,分别在不同编号的梁中各选择一根梁用剖面号引出配筋图,并在其上注写截面尺寸和配筋具体数值的方式来表达梁平法施工图。在截面注写的配筋图中可注写的内容有:梁截面尺寸、上部钢筋和下部钢筋、侧面构造钢筋或受扭钢筋、箍筋等,其表达方式与梁平面注写方式相同,如图 5-10 所示(来自 11G101－1 第 35 页)。

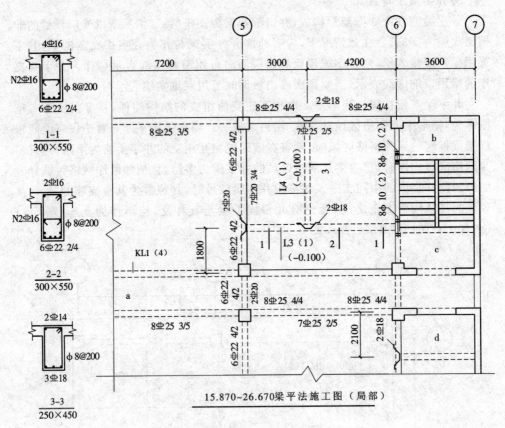

图 5-10　梁截面注写方式

对所有梁进行编号,从相同编号的梁中选择一根梁,先将"单边截面号"画在该梁上,再将截面配筋详图画在本图或其他图上。当某梁的顶面标高与结构层的楼面标高不同时,尚应继其梁编号后注写梁顶面标高高差(注写规定与平面注写方式相同)。

在截面配筋详图上注写截面尺寸 $b×h$、上部筋、下部筋、侧面构造筋或受扭筋以及箍筋的具体数值时,其表达形式与平面注写方式相同。

截面注写方式既可以单独使用,也可与平面注写方式结合使用。

注：在梁平法施工图的平面图中，当局部区域的梁布置过密时，除了采用截面注写方式表达外，也可将加密区用虚线框出，适当放大比例后再用平面注写方式表示。当表达异形截面梁的尺寸与配筋时，用截面注写方式相对比较方便。

## 5.2　梁构件钢筋构造

### 5.2.1　楼层框架梁钢筋构造

抗震楼层框架梁纵向钢筋构造如图 5-11 所示（来自 11G101－1 第 79 页）。

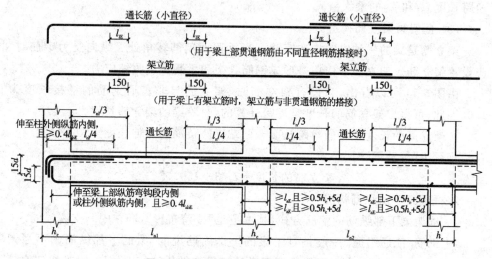

**图 5-11　抗震楼层框架梁纵向钢筋构造**

**1. 框架梁上部纵筋**

框架梁上部纵筋包括：上部通长筋，支座上部纵向钢筋（即支座负筋）和架立筋。这里所介绍的内容同样适用于屋面框架梁。

（1）框架梁上部通长筋

根据《建筑抗震设计规范》（GB 50011—2010）第 6.3.4 条规定：梁端纵向钢筋的配筋率不宜大于 2.5%。沿梁全长顶面、底面的配筋，一、二级不应少于 $2\phi14$，且分别不应少于梁顶面、地面两端纵向配筋中较大截面面积的 1/4；三、四级不应少于 $2\phi12$。11G101－1 图集第 4.2.3 条指出：通长筋可为相同或不同直径采用搭接连接、机械连接或焊接连接的钢筋。由此可看出：

1）上部通长筋的直径可以小于支座负筋，这时，处于跨中上部通长筋就在支座负筋的分界处（$l_n/3$ 处），与支座负筋进行连接，根据这一点，可以计算出上部通长筋的长度。

2）上部通长筋与支座负筋的直径相等时,上部通长筋可以在 $l_n/3$ 的范围内进行连接,这时,上部通长筋的长度可以按贯通筋计算。

（2）支座负筋的延伸长度

"支座负筋延伸长度"在不同部位是有差别的。

在端支座部位,框架梁端支座负筋的延伸长度为:第一排支座负筋从柱边开始延伸至 $l_{n1}/3$ 位置;第二排支座负筋从柱边开始延伸至 $l_{n1}/4$ 位置（$l_{n1}$ 是边跨的净跨长度）。

在中间支座部位,框架梁支座负筋的延伸长度为:第一排支座负筋从柱边开始延伸至 $l_{n1}/3$ 位置;第二排支座负筋从柱边开始延伸至 $l_{n1}/4$ 位置（$l_n$ 是支座两边的净跨长度 $l_{n1}$ 和 $l_{n2}$ 的最大值）。

（3）框架梁架立筋构造

架立筋是梁的一种纵向构造钢筋。当梁顶面箍筋转角处无纵向受力钢筋时,应设置架立筋。架立筋的作用是形成钢筋骨架和承受温度收缩应力。

由图 5-11 可以看出,当设有架立筋时,架立筋与非贯通钢筋的搭接长度为150,因此,可得出架立筋的长度是逐跨计算的,每跨梁的架立筋长度为:

架立筋的长度＝梁的净跨长度－两端支座负筋的延伸长度＋150×2

当梁为"等跨梁"时,

$$架立筋的长度＝l_n/3＋150×2$$

**2. 框架梁下部纵筋构造**

1）框架梁下部纵筋的配筋方式:基本上是"按跨布置",即在中间支座锚固。

2）钢筋"能通则通"一般是对于梁的上部纵筋说的,梁的下部纵筋则不强调"能通则通",主要原因在于框架梁下部纵筋如果作贯通筋处理的话,很难找到钢筋的连接点。

3）框架梁下部纵筋连接点分析:

① 梁的下部钢筋不能在下部跨中进行连接,因为,下部跨是正弯矩最大的地方,钢筋不允许在此范围内连接。

② 梁的下部钢筋在支座内连接也是不可行的,因为,在梁柱交叉的节点内,梁纵筋和柱纵筋都不允许连接。

③ 对于框架梁下部纵筋是否可以在靠近支座 $l_n/3$ 的范围内进行连接,如果是非抗震框架梁,在竖向静荷载的作用下,每跨框架梁的最大正弯矩在跨中部位,而在靠近支座的地方只有负弯矩而不存在正弯矩。所以,此时框架梁的下部纵筋可以在靠近支座 $l_n/3$ 的范围内进行连接,如图 5-12 所示（来自 11G101－1 第 81页）。

如果是抗震框架梁,情况比较复杂,在地震作用下,框架梁靠近支座处有可能会成为正弯矩最大的地方。这样看来,抗震框架梁的下部纵筋似乎找不到可供连

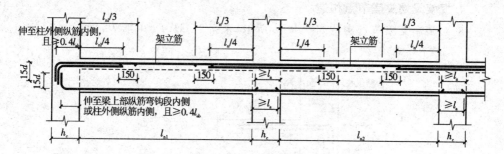

**图 5-12　非抗震楼层框架梁纵向钢筋构造**

接的区域(跨中不行,靠近支座处也不行,在支座内更不行)。

所以说,框架梁的下部纵筋一般都是按跨处理,在中间支座锚固。

**3. 框架梁中间支座纵向钢筋构造**

框架梁中间支座纵向钢筋构造共有三种情况,如图 5-13 所示(来自 11G101-1 第 84 页)。

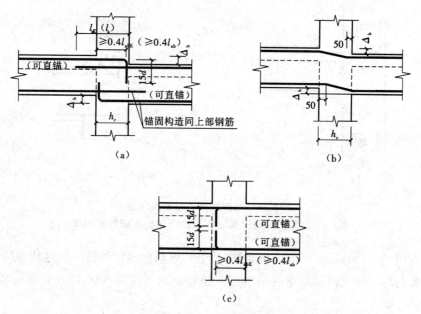

**图 5-13　框架梁中间支座纵向钢筋构造**

(a)$\Delta_h/(h_c-50)>1/6$;(b)$\Delta_h/(h_c-50)\leqslant 1/6$;(c)支座两边梁不同

如图 5-13(a)所示,当 $\Delta_h/(h_c-50)>1/6$ 时,上部通长筋断开;如图 5-13(b)所示,当 $\Delta_h/(h_c-50)\leqslant 1/6$ 时,上部通长筋斜弯通过;如图 5-13(c)所示,当支座两边梁宽不同或错开布置时,无法将直通的纵筋弯锚入柱内;当支座两边纵筋根数不同时,可将多出的纵筋弯锚入柱内。

#### 4. 框架梁端支座节点构造

框架梁端支座节点构造如图 5-14 所示(来自 11G101－1 第 79 页)。

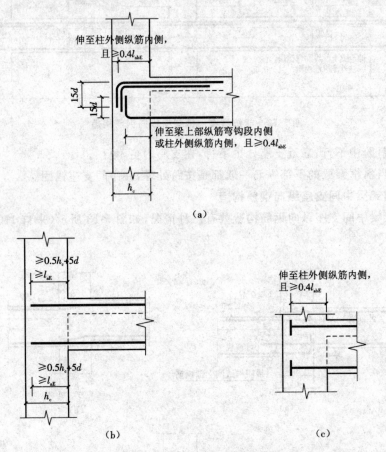

**图 5-14 框架梁端支座节点构造**

(a)端支座弯锚;(b)端支座直锚;(c)端支座加锚头(锚板)锚固

如图 5-14(a)所示,当端支座弯锚时,上部纵筋伸至柱外侧纵筋内侧弯折 $15d$,下部纵筋伸至梁上部纵筋弯钩段内侧或柱外侧纵筋内侧弯折 $15d$,且直锚水平段均应 $\geqslant 0.4l_{abE}$。

如图 5-14(b)所示,当端支座直锚时,上下部纵筋伸入柱内的直锚长度 $\geqslant l_{aE}$ 且 $\geqslant 0.5h_c+5d$。

如图 5-14(c)所示,当端支座加锚头(锚板)锚固时,上下部纵筋伸至柱外侧纵筋内侧,且直锚长度 $\geqslant 0.4l_{abE}$。

#### 5. 框架梁侧面纵筋的构造

框架梁侧面纵向构造钢筋和拉筋构造如图 5-15 所示(来自 11G101－1 第 87

页)。

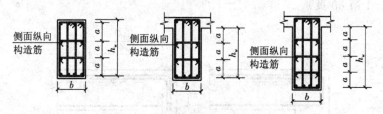

**图 5-15　框架梁侧面纵向构造钢筋和拉筋**

1) 当 $h_w \geqslant 450$ mm 时,在梁的两个侧面应沿高度配置纵向构造钢筋;纵向构造钢筋间距 $a < 200$ mm。

2) 当梁侧面配有直径不小于构造纵筋的受扭纵筋时,受扭钢筋可以代替构造钢筋。

3) 梁侧面构造纵筋的搭接与锚固长度可取 $15d$。梁侧面受扭纵筋的搭接长度为 $l_{lE}$ 或 $l_l$,其锚固长度为 $l_{aE}$ 或 $l_a$,锚固方式同框架梁下部纵筋。

4) 当梁宽 $\leqslant 350$ mm 时,拉筋直径为 6 mm;梁宽 $> 350$ mm 时,拉筋直径为 8 mm。拉筋间距为非加密区箍筋间距的 2 倍。当设有多排拉筋时,上下两排拉筋竖向错开设置。

## 5.2.2　屋面框架梁钢筋构造

1) 抗震屋面框架梁纵向钢筋构造如图 5-16 所示(来自 11G101-1 第 80 页)。

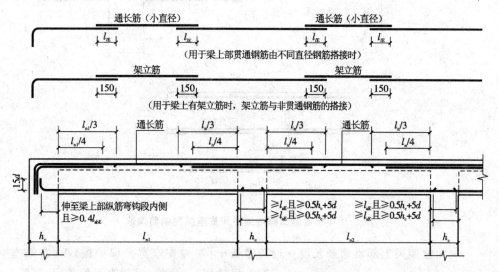

**图 5-16　抗震屋面框架梁纵向钢筋构造**

$h_c$—柱截面沿框架方向的高度;$d$—钢筋直径

2）抗震屋面框架梁上部与下部纵筋在端支座锚固如图 5-17 所示（来自 11G101－1 第 80 页）。

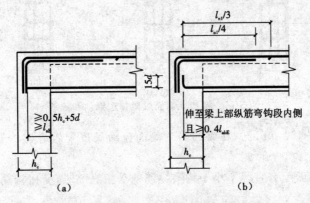

图 5-17 抗震屋面框架梁上部与下部纵筋在端支座锚固构造

(a)端支座直锚；(b)端支座加锚头/锚板

3）抗震屋面框架梁中间支座纵向钢筋构造如图 5-18 所示（来自 11G101－1 第 84 页）。

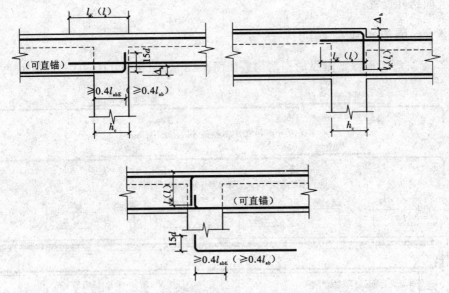

图 5-18 抗震屋面框架梁中间支座纵向钢筋构造

屋面框架梁上部贯通筋长度＝通跨净长＋（左端支座宽－保护层）＋（右端支座宽－保护层）＋弯折×（梁高－保护层）×2

屋面框架梁上部第一排端支座负筋长度＝净跨 $l_{n1}/3$＋（左端支座宽－保护层）＋弯折×（梁高－保护层）

屋面框架梁上部第二排端支座负筋长度＝净跨 $l_{n1}/4$＋(左端支座宽－保护层)＋弯折×(梁高－保护层)

### 5.2.3 非框架梁钢筋构造

非框架梁钢筋构造如图 5-19 所示(来自 11G101－1 第 86 页)。

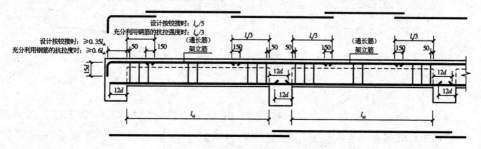

**图 5-19 非框架梁钢筋构造**

非框架梁上部纵筋长度＝通跨净长 $l_n$＋左支座宽＋右支座宽－2×保护层厚度＋2×15$d$

**1. 非框架梁为弧形梁时**

当非框架梁直锚时：

下部通长筋长度＝通跨净长 $l_n$＋2×$l_a$

当非框架梁不为直锚时：

下部通长筋长度＝通跨净长 $l_n$＋左支座宽＋右支座宽－2×保护层厚度＋2×15$d$

非框架梁端支座负筋长度＝$l_n/3$＋支座宽－保护层厚度＋15$d$

非框架梁中间支座负筋长度＝$\max(l_n/3, 2l_n/3)$＋支座宽

**2. 非框架梁为直梁时**

下部通长筋长度＝通跨净长 $l_n$＋2×12$d$

当梁下部纵筋为光面钢筋时

下部通长筋长度＝通跨净长 $l_n$＋2×15$d$

非框架梁端支座负筋长度＝$l_n/5$＋支座宽－保护层厚度＋15$d$

当端支座为柱、剪力墙、框支梁或深梁时

非框架梁端支座负筋长度＝$l_n/3$＋支座宽－保护层厚度＋15$d$

非框架梁中间支座负筋长度＝$\max(l_n/3, 2l_n/3)$＋支座宽

### 5.2.4 悬挑梁钢筋构造

**1. 纯悬挑梁**

纯悬挑梁配筋构造如图 5-20 所示(来自 11G101－1 第 89 页)。

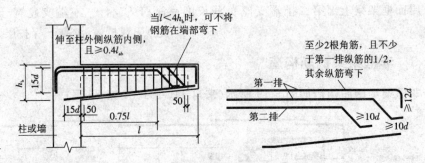

图 5-20　纯悬挑梁配筋构造

（1）上部纵筋构造

1）第一排上部纵筋，"至少 2 根角筋，并不少于第一排纵筋的 1/2"的上部纵筋一直伸到悬挑梁端部，再拐直角弯直伸到梁底，"其余纵筋弯下"（即钢筋在端部附近下弯 90°斜坡）。

2）第二排上部纵筋伸到悬挑端长度的 0.75 处。

3）上部纵筋在支座中"伸至柱外侧纵筋内侧，且 $\geqslant 0.4l_{ab}$"进行锚固，当纵向钢筋直锚长度 $\geqslant l_a$ 且 $\geqslant 0.5h_c+5d$ 时，可不必往下弯锚。

（2）下部纵筋构造

下部纵筋在制作中的锚固长度为 $15d$。

**2. 其他各类梁的悬挑端配筋构造**

各类梁的悬挑端配筋构造，如图 5-21 所示（来自 11G101－1 第 89 页）。

其中：

图 5-21（a）：可用于中间层或屋面。

图 5-21（b）：当 $\Delta_h/(h_c-50)>1/6$ 时，仅用于中间层；当 $l<4h_b$ 时，可不将钢筋在端部弯下。

图 5-21（c）：当 $\Delta_h/(h_c-50)\leqslant1/6$ 时，上部纵筋连续布置，用于中间层，当支座为梁时也可用于屋面。

图 5-21（d）：当 $\Delta_h/(h_c-50)>1/6$ 时，仅用于中间层。

图 5-21（e）：当 $\Delta_h/(h_c-50)\leqslant1/6$ 时，上部纵筋连续布置，用于中间层，当支座为梁时也可用于屋面。

图 5-21（f）：当 $\Delta_h\leqslant h_b/3$ 时，用于屋面，当支座为梁时也可用于中间层。

图 5-21（g）：当 $\Delta_h\leqslant h_b/3$ 时，用于屋面，当支座为梁时也可用于中间层。

图 5-21（h）：为悬挑梁端附加箍筋范围构造。

**3. 悬挑梁钢筋排布构造**

悬挑梁钢筋排布构造如图 5-22 所示（来自 12G901－1 第 56～58 页）。

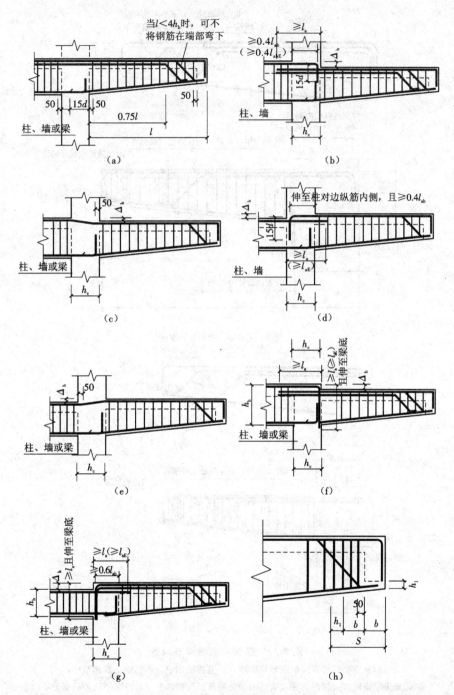

**图 5-21 各类梁的悬挑端配筋构造**

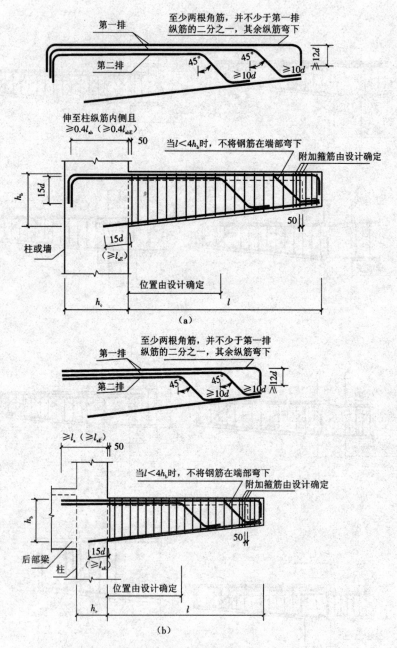

图 5-22　悬挑梁钢筋排布构造

(a)悬挑梁钢筋直接锚固到柱或墙;(b)悬挑梁钢筋直接锚固在后部梁中;

屋面悬挑梁钢筋直接锚固到柱或墙;(d)悬挑梁顶面与相邻框架梁顶面平且采用框架梁钢筋;

(e)悬挑梁顶面低于相邻框架梁顶面且钢筋采用框架梁钢筋;

(f)悬挑梁顶面高于相邻框架梁顶面且钢筋采用框架梁钢筋

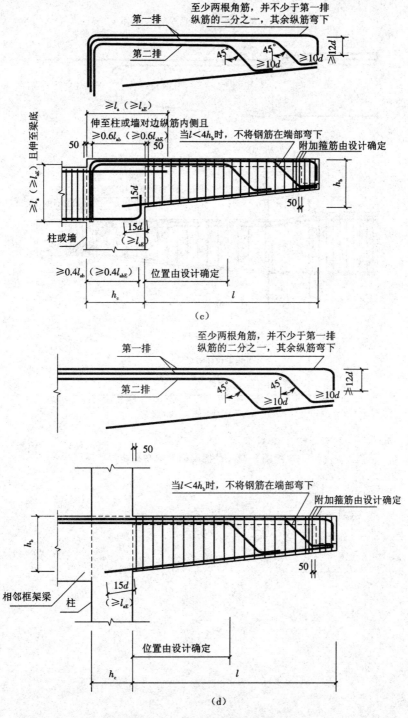

续图 5-22 悬挑梁钢筋排布构造

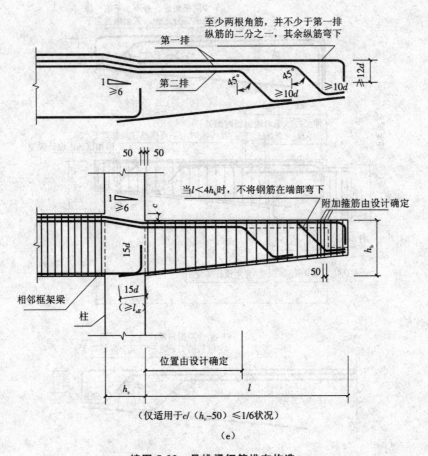

（e）

续图 5-22　悬挑梁钢筋排布构造

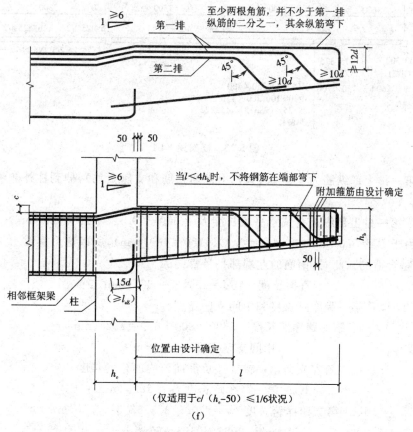

（仅适用于$cl$（$h_e-50$）$\leqslant$1/6状况）

（f）

**续图 5-22　悬挑梁钢筋排布构造**

1）当梁上部设有第三排钢筋时，其延伸长度应由设计者注明。

2）抗震设防烈度为 9 度，$l\geqslant$1.5 m；抗震设防烈度为 8 度，$l\geqslant$2.0 m；抗震设防烈度为 7 度（0.15 $g$）时应注重竖向地震对悬挑梁的作用。悬挑梁下部纵筋锚固具体是否采用 $l_{aE}$，由设计确定。

3）悬挑梁纵筋弯折构造和端部附加箍筋构造要求由设计确定。

# 5.3　梁构件钢筋计算实例

## 【例 5-1】

试计算 KL1 第一跨上部纵筋的长度。混凝土强度等级 C25，二级抗震等级，如图 5-23 所示。

## 【解】

（1）计算端支座第一排上部纵筋的直锚水平段长度

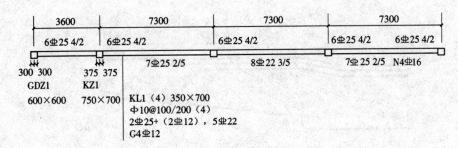

**图 5-23　框架梁 KL1**

第一排上部纵筋为 4 Φ25（包括上部通长筋和支座负筋），伸到柱外侧纵筋的内侧。

第一排上部纵筋直锚水平段长度 $L_d=600-30-25-25=520(\text{mm})$

由于 $L_d=520$ mm$>0.4l_{abE}=0.4\times1150=460(\text{mm})$，所以这个直锚水平段长度 $L_d$ 是合适的。此时，钢筋的左端部是带直钩的。

$$\text{直钩长度}=15d=15\times25=375(\text{mm})$$

（2）计算第一跨净跨长度和中间支座宽度

$$\text{第一跨净跨长度}=3600-300-375=2925(\text{mm})$$

$$\text{中间支座宽度}=750 \text{ mm}$$

（3）计算第二跨左支跨第一排支座负筋向跨内的延伸长度

$$\text{KL1 第一跨净跨长度 } l_{n1}=2925 \text{ mm}$$

$$\text{KL1 第二跨净跨长度 } l_{n2}=7300-375-375=6550(\text{mm})$$

$$l_n=\max(2925,6550)=6550 \text{ mm}$$

所以，第一排支座负筋向跨内的延伸长度 $=l_n/3=6550/3=2183(\text{mm})$

（4）KL1 第一跨第一排上部纵筋的水平长度 $=520+2925+750+2183$
$$=6378(\text{mm})$$

这根钢筋还有一个 $15d$ 的直钩，

$$\text{直钩长度}=15\times25=375(\text{mm})$$

所以，这排钢筋每根长度 $=6378+375=6753(\text{mm})$

（5）计算端支座第二排上部纵筋的直锚水平段长度

第二排上部纵筋 2 Φ25 的直钩段与第一排纵筋直钩段的净距为 25 mm。

第二排上部纵筋直锚水平段长度 $L_d=520-25-25=470(\text{mm})$

由于 $L_d=470$ mm$>0.4l_{abE}=0.4\times1150=460(\text{mm})$，所以这个直锚水平段长度 $L_d$ 是合适的。此时，钢筋的左端部是带直钩的。

$$\text{直钩长度}=15d=15\times25=375(\text{mm})$$

（6）计算第二跨左支座第二排支座负筋向跨内的延伸长度

$$\text{第二排支座负筋向跨内的延伸长度}=l_n/4=6550/4=1638(\text{mm})$$

（7）KL1 第一跨第二排上部纵筋的水平长度＝470＋2925＋750＋1638
$$＝5783（mm）$$

这排钢筋还有一个 15d 的直钩，
$$直钩长度＝15×25＝375（mm）$$

所以，这排钢筋每根长度＝5783＋375＝6158（mm）

**【例 5-2】**

试计算 KL1 第一跨下部纵筋的长度。混凝土强度等级 C25，二级抗震等级，
如图 5-24 所示。

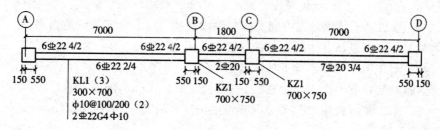

**图 5-24 框架梁 KL1**

**【解】**

（1）计算第一排下部纵筋在（A 轴线）端支座的锚固长度

1）判断这个端支座是不是"宽支座"。
$$l_{aE}＝46d＝46×22＝1012（mm）$$
$$0.5h_c＋5d＝0.5×700＋5×22＝460（mm）$$

所以，$L_d＝\max(l_{aE}, 0.5h_c＋5d)＝1012（mm）$
$$h_c－30－25＝700－30－25＝645（mm）$$

由于 $L_d＝1012$ mm＞645 mm，所以，这个端支座不是"宽支座"。

2）计算下部纵筋在端支座的直锚水平段长度 $L_d$：
$$L_d＝h_c－30－25－25＝700－30－25－25＝620（mm）$$
$$0.4l_{abE}＝0.4×1012＝405（mm）$$

由于 $L_d＝620$ mm＞405 mm，所以这个直锚水平段长度 $L_d$ 是合适的。

此时，钢筋的左端部是带直钩的，
$$直钩长度＝15d＝15×22＝330（mm）$$

（2）计算第一跨净跨长度
$$第一跨净跨长度＝7000－550－550＝5900（mm）$$

（3）计算第一跨第一排下部纵筋在（B 轴线）中间支座的锚固长度

中间支座（即 KZ1）的宽度 $h_c＝700$ mm，
$$0.5h_c＋5d＝0.5×700＋5×22＝460（mm）$$
$$l_{aE}＝46d＝46×22＝1012（mm）＞460（mm）$$

所以,第一排下部纵筋在(B轴线)中间支座的锚固长度为 1012 mm。

(4) KL1 第一跨第一排下部纵筋水平长度＝620＋5900＋1012＝7532(mm)

这排钢筋还有一个 15d 的直钩,直钩长度为 330 mm。

因此,KL1 第一跨第一排下部纵筋每根长度＝7532＋330＝7862(mm)

(5) 计算第二排下部纵筋在端支座的水平锚段平直长度

第二排下部纵筋 2 $\underline{\Phi}$ 22 的直钩段与第一排纵筋直钩段的净距为 25 mm,

第二排下部纵筋直锚水平段长度＝620－25－25＝570(mm)

此钢筋的左端部是带直钩的,

$$直钩长度＝15d＝15×22＝330(mm)$$

(6) 第二排下部纵筋在中间支座的锚固长度与第一排下部纵筋相同

第二排下部纵筋在中间支座的锚固长度为 1012 mm。

(7) KL1 第一跨第二排下部纵筋水平长度＝570＋5900＋1012＝7482(mm)

这排钢筋还有一个 15d 的直钩,直钩长度为 330 mm,因此,

$$KL1 第一跨第二排下部纵筋每根长度＝7482＋330＝7812(mm)$$

【例 5-3】

非框架梁平法施工图如图 5-25 所示,与其对照的传统施工图如图 5-26 所示。已知此 L1 所在环境类别为一类,梁保护层为 20 mm,混凝土强度等级为 C30,梁的钢筋不受扰动且无环氧树脂涂层。钢筋类别为 HRB400,假设梁充分利用钢筋的抗拉强度。试计算梁上、下部通长筋及箍筋根数。

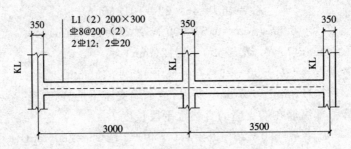

图 5-25 非框架梁平法施工图

【解】

(1) 梁上部钢筋

上部通长钢筋①单根钢筋长度＝$(0.6l_{ab}+15d)×2+3000+3500-175×2$

$\qquad =(0.6×35×12+15×12)×2+3000+3500-175×2$

$\qquad =7014(mm)$

(2) 下部通长钢筋②单根钢筋长度＝$12d×2+3000+3500-175×2$

$\qquad =12×20×2+3000+3500-175×2$

$\qquad =6630(mm)$

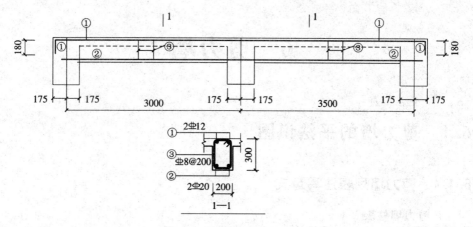

图 5-26  非框架梁传统施工图

（3）梁箍筋

1）单根箍筋长度（中心线算法）$=[(b-2c-d_{箍})+(h-2c-d_{箍})+11.9d_{箍}]×2$

$=[(200-20×2-8)+(300-20×2-8)+$

$11.9×8]×2$

$=999(mm)$

2）每跨箍筋根数：

$$第一跨根数=\frac{3000-350-100}{200}+1=14（根）$$

$$第二跨根数=\frac{3500-350-100}{200}+1=17（根）$$

$$箍筋总根数=14+17=31（根）$$

# 6 剪力墙

## 6.1 剪力墙的平法识图

### 6.1.1 剪力墙列表注写方式

**1.剪力墙柱表**

剪力墙柱表包括以下内容。

（1）墙柱编号和绘制墙柱的截面配筋图

剪力墙柱编号，由墙柱类型代号和序号组成，表达形式见表 6-1。

表 6-1 剪力墙柱编号

| 墙柱类型 | 编号 | 序号 |
|---|---|---|
| 约束边缘构件 | YBZ | ×× |
| 构造边缘构件 | GBZ | ×× |
| 非边缘暗柱 | AZ | ×× |
| 扶壁柱 | FBZ | ×× |

注：约束边缘构件包括约束边缘暗柱、约束边缘端柱、约束边缘翼墙、约束边缘转角墙四种
（图 6-1）（来自 11G101−1 第 13、14 页）。构造边缘构件包括构造边缘暗柱、构造边缘端
柱、构造边缘翼墙、构造边缘转角墙四种（图 6-2）（来自 11G101−1 第 13、14 页）。

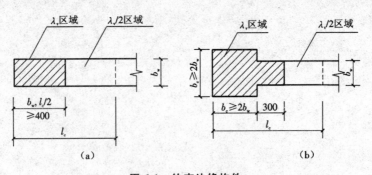

图 6-1 约束边缘构件

(a)约束边缘暗柱；(b)约束边缘端柱；

(c)约束边缘翼墙；(d)约束边缘转角墙

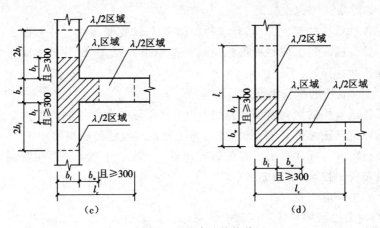

续图 6-1 约束边缘构件

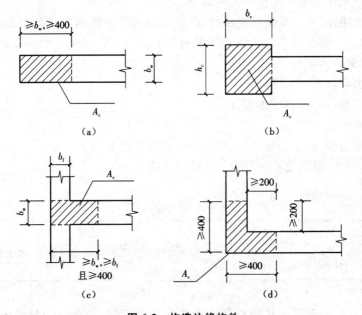

图 6-2 构造边缘构件

(a)构造边缘暗柱;(b)构造边缘端柱;

(c)构造边缘翼墙;(d)构造边缘转角墙

1) 约束边缘构件(图 6-1),需注明阴影部分尺寸。

注:剪力墙平面布置图中应注明约束边缘构件沿墙肢长度 $l_c$(约束边缘翼墙中沿墙肢长度尺寸为 $2b_f$ 时可不注)。

2) 构造边缘构件(图 6-2),需注明阴影部分尺寸。

3) 扶壁柱及非边缘暗柱需标注几何尺寸。

（2）各段墙柱的起止标高

注写各段墙柱的起止标高，自墙柱根部往上以变截面位置或截面未变但配筋改变处为界分段注写。墙柱根部标高系指基础顶面标高（部分框支剪力墙结构则为框支梁顶面标高）。

（3）各段墙柱的纵向钢筋和箍筋

注写各段墙柱的纵向钢筋和箍筋，注写值应与在表中绘制的截面配筋图对应一致。纵向钢筋注总配筋值；墙柱箍筋的注写方式与柱箍筋相同。

约束边缘构件除注写阴影部位的箍筋外，尚需在剪力墙平面布置图中注写非阴影区内布置的拉筋（或箍筋）。

设计施工时应注意：

1）当约束边缘构件体积配箍率计算中计入墙身水平分布钢筋时，设计者应注明。此时还应注明墙身水平分布钢筋在阴影区域内设置的拉筋。施工时，墙身水平分布钢筋应注意采用相应的构造做法。

2）当非阴影区外圈设置箍筋时，设计者应注明箍筋的具体数值及其余拉筋。施工时，箍筋应包住阴影区内第二列竖向纵筋。当设计采用与本构造详图不同的做法时，应另行注明。

**2. 剪力墙身表**

剪力墙身表包括以下内容。

（1）墙身编号

剪力墙身编号，由墙身代号、序号以及墙身所配置的水平与竖向分布钢筋的排数组成，其中，排数注写在括号内。表达形式见表 6-2。

表 6-2　剪力身编号

| 类型 | 代号 | 序号 | 说明 |
| --- | --- | --- | --- |
| 剪力墙身 | Q(××) | ×× | 为剪力墙除去边缘构件的墙身部分，表示剪力墙配置钢筋网的排数 |

在编号中：如若干墙柱的截面尺寸与配筋均相同，仅截面与轴线的关系不同时，可将其编为同一墙柱号；又如若干墙身的厚度尺寸和配筋均相同，仅墙厚与轴线的关系不同或墙身长度不同时，也可将其编为同一墙身号，但应在图中注明与轴线的几何关系。

当墙身所设置的水平与竖向分布钢筋的排数为 2 时可不注。

对于分布钢筋网的排数规定如下。非抗震：当剪力墙厚度大于 160 时，应配置双排；当其厚度不大于 160 时，宜配置双排。抗震：当剪力墙厚度不大于 400 时，应配置双排；当剪力墙厚度大于 400，但不大于 700 时，宜配置三排；当剪力墙厚度大于 700 时，宜配置四排。

各排水平分布钢筋和竖向分布钢筋的直径与间距宜保持一致。

当剪力墙配置的分布钢筋多于两排时,剪力墙拉筋两端应同时勾住外排水平纵筋和竖向纵筋,还应与剪力墙内排水平纵筋和竖向纵筋绑扎在一起。

（2）各段墙身起止标高

注写各段墙身起止标高,自墙身根部往上以变截面位置或截面未变但配筋改变处为界分段注写。墙身根部标高系指基础顶面标高（部分框支剪力墙结构则为框支梁顶面标高）。

（3）配筋

注写水平分布钢筋、竖向分布钢筋和拉筋的具体数值。注写数值为一排水平分布钢筋和竖向分布钢筋的规格与间距,具体设置几排已经在墙身编号内容中表达。

拉筋应注明布置方式"双向"或"梅花双向",如图6-3所示（图中 $a$ 为竖向分布钢筋间距,$b$ 为水平分布钢筋间距）（来自11G101－1第16页）。

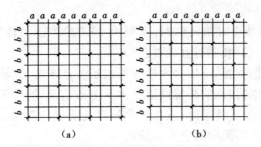

**图6-3　双向拉筋与梅花双向拉筋示意**

(a)拉筋@$3a3b$双向($a{\leqslant}200$、$b{\leqslant}200$)；(b)拉筋@$4a4b$梅花双向($a{\leqslant}150$、$b{\leqslant}150$)

**3. 剪力墙梁表**

剪力墙梁表包括以下内容。

1）剪力墙梁编号,由墙梁类型代号和序号组成,表达形式见表6-3。

**表6-3　剪力墙梁编号**

| 墙梁类型 | 代号 | 序号 |
|---|---|---|
| 连梁 | LL | ×× |
| 连梁（对角暗撑配筋） | LL(JC) | ×× |
| 连梁（交叉斜筋配筋） | LL(JX) | ×× |
| 连梁（集中对角斜筋配筋） | LL(DX) | ×× |
| 暗梁 | AL | ×× |
| 边框梁 | BKL | ×× |

在具体工程中,当某些墙身需设置暗梁或边框梁时,宜在剪力墙平面布置图中绘制暗梁或边框梁的平面布置图并编号,以明确其具体位置。

2) 墙梁所在楼层号。

3) 墙梁顶面标高高差,是指相对于墙梁所在结构层楼面标高的高差值,高于者为正值,低于者为负值,当无高差时不注。

4) 墙梁截面尺寸 $b \times h$,上部纵筋、下部纵筋和箍筋的具体数值。

5) 当连梁设有对角暗撑时[代号为 LL(JC)XX],注写暗撑的截面尺寸(箍筋外皮尺寸);注写一根暗撑的全部纵筋,并标注"×2"表明有两根暗撑相互交叉;注写暗撑箍筋的具体数值。

6) 当连梁设有交叉斜筋时[代号为 LL(JX)XX],注写连梁一侧对角斜筋的配筋值,并标注"×2"表明对称设置;注写对角斜筋在连梁端部设置的拉筋根数、规格及直径,并标注"×4"表示四个角都设置;注写连梁一侧折线筋配筋值,并标注"×2"表明对称设置。

7) 当连梁设有集中对角斜筋时[代号为 LL(DX)XX],注写一条对角线上的对角斜筋,并标注"×2"表明对称设置。

墙梁侧面纵筋的配置,当墙身水平分布钢筋满足连梁、暗梁及边框梁的梁侧面纵向构造钢筋的要求时,该筋配置同墙身水平分布钢筋,表中不注,施工按标准构造详图的要求即可;当不满足时,应在表中补充注明梁侧面纵筋的具体数值(其在支座内的锚固要求同连梁中的受力钢筋)。

## 6.1.2 剪力墙截面注写方式

剪力墙截面注写方式,是在分标准层绘制的剪力墙平面布置图上,以直接在墙柱、墙梁、墙身上注写截面尺寸和配筋具体数值的方式来表达剪力墙平法施工图。

选用适当比例原位放大绘制剪力墙平面布置图,其中对墙柱绘制配筋截面图;对所有墙柱、墙身、墙梁分别按"列表注写方式"的规定进行编号,并分别在相同编号的墙柱、墙身、墙梁中选择一根墙柱、一道墙身、一根墙梁进行注写,其注写方式如下。

1) 从相同编号的墙柱中选择一个截面,注明几何尺寸,标注全部纵筋及箍筋的具体数值。

注:约束边缘构件(图 6-1)除需注明阴影部分具体尺寸外,尚需注明约束边缘构件沿墙肢长度 $l_c$,约束边缘翼墙中沿墙肢长度尺寸为 $2b_f$ 时可不注。除注写阴影部位的箍筋外尚需注写非阴影区内布置的拉筋(或箍筋)。当仅 $l_c$ 不同时,可编为同一构件,但应单独注明 $l_c$ 的具体尺寸并标注非阴影区内布置的拉筋(或箍筋)。

设计施工时应注意:

当约束边缘构件体积配箍率计算中计入墙身水平分布钢筋时,设计者应注明。

还应注明墙身水平分布钢筋在阴影区域内设置的拉筋。施工时,墙身水平分布钢筋应注意采用相应的构造做法。

2) 从相同编号的墙身中选择一道墙身,按顺序引注的内容为:墙身编号(应包括注写在括号内墙身所配置的水平与竖向分布钢筋的排数)、墙厚尺寸、水平分布钢筋、竖向分布钢筋和拉筋的具体数值。

3) 从相同编号的墙梁中选择一根墙梁,按顺序引注的内容为:

① 注写墙梁编号、墙梁截面尺寸 $b \times h$、墙梁箍筋、上部纵筋、下部纵筋和墙梁顶面标高高差的具体数值。

② 当连梁设有对角暗撑时[代号为 LL(JC)XX],注写暗撑的截面尺寸(箍筋外皮尺寸);注写一根暗撑的全部纵筋,并标注"×2"表明有两根暗撑相互交叉;注写暗撑箍筋的具体数值。

③ 当连梁设有交叉斜筋时[代号为 LL(JX)XX],注写连梁一侧对角斜筋的配筋值,并标注"×2"表明对称设置;注写对角斜筋在连梁端部设置的拉筋根数、规格及直径,并标注"×4"表示四个角都设置;注写连梁一侧折线筋配筋值,并标注"×2"表明对称设置。

④ 当连梁设有集中对角斜筋时[代号为 LL(DX)XX],注写一条对角线上的对角斜筋,并标注×2表明对称设置。

当墙身水平分布钢筋不能满足连梁、暗梁及边框梁的梁侧面纵向构造钢筋的要求时,应补充注明梁侧面纵筋的具体数值;注写时,以大写字母 N 打头,接续注写直径与间距。其在支座内的锚固要求同连梁中的受力钢筋。

## 6.1.3 剪力墙洞口的表示方法

无论采用列表注写方式还是截面注写方式,剪力墙上的洞口均可在剪力墙平面布置图上原位表达。

洞口的具体表示方法如下。

**1. 在剪力墙平面布置图上绘制**

在剪力墙平面布置图上绘制洞口示意,并标注洞口中心的平面定位尺寸。

**2. 在洞口中心位置引注**

(1) 洞口编号

矩形洞口为 JDXX(XX 为序号),圆形洞口为 YDXX(XX 为序号)。

(2) 洞口几何尺寸

矩形洞口为洞宽×洞高($b \times h$),圆形洞口为洞口直径口。

(3) 洞口中心相对标高

洞口中心相对标高,系相对于结构层楼(地)面标高的洞口中心高度。当其高于结构层楼面时为正值,低于结构层楼面时为负值。

（4）洞口每边补强钢筋

1）当矩形洞口的洞宽、洞高均不大于 800 时，此项注写为洞口每边补强钢筋的具体数值（如果按标准构造详图设置补强钢筋时可不注）。当洞宽、洞高方向补强钢筋不一致时，分别注写洞宽方向、洞高方向补强钢筋，以"/"分隔。

2）当矩形或圆形洞口的洞宽或直径大于 800 时，在洞口的上、下需设置补强暗梁，此项注写为洞口上、下每边暗梁的纵筋与箍筋的具体数值（在标准构造详图中，补强暗梁梁高一律定为 400，施工时按标准构造详图取值，设计不注。当设计者采用与该构造详图不同的做法时，应另行注明），圆形洞口时尚需注明环向加强钢筋的具体数值；当洞口上、下边为剪力墙连梁时，此项免注；洞口竖向两侧设置边缘构件时，亦不在此项表达（当洞口两侧不设置边缘构件时，设计者应给出具体做法）。

3）当圆形洞口设置在连梁中部 1/3 范围（且圆洞直径不应大于 1/3 梁高）时，需注写在圆洞上下水平设置的每边补强纵筋与箍筋。

4）当圆形洞口设置在墙身或暗梁、边框梁位置，且洞口直径不大于 300 时，此项注写为洞口上下左右每边布置的补强纵筋的具体数值。

5）当圆形洞口直径大于 300，但不大于 800 时，其加强钢筋按照圆外切正六边形的边长方向布置，设计仅需注写六边形中一边补强钢筋的具体数值。

## 6.1.4 地下室外墙表示方法

地下室外墙仅适用于起挡土作用的地下室外围护墙。地下室外墙中墙柱、连梁及洞口等的表示方法同地上剪力墙。

地下室外墙编号，由墙身代号序号组成。表达为：

$$DWQ \times \times$$

地下室外墙平法注写方式，包括集中标注墙体编号、厚度、贯通筋、拉筋等和原位标注附加非贯通筋等两部分内容。当仅设置贯通筋，未设置附加非贯通筋时，则仅做集中标注。

**1. 集中标注**

集中标注的内容包括：

1）地下室外墙编号，包括代号、序号、墙身长度（注为××～××轴）。

2）地下室外墙厚度 $b_w = \times \times \times$。

3）地下室外墙的外侧、内侧贯通筋和拉筋。

① 以 OS 代表外墙外侧贯通筋。其中，外侧水平贯通筋以 H 打头注写，外侧竖向贯通筋以 V 打头注写。

② 以 IS 代表外墙内侧贯通筋。其中，内侧水平贯通筋以 H 打头注写，内侧竖向贯通筋以 V 打头注写。

③ 以 tb 打头注写拉筋直径、强度等级及间距，并注明"双向"或"梅花双向"。

**2. 原位标注**

地下室外墙的原位标注,主要表示在外墙外侧配置的水平非贯通筋或竖向非贯通筋。

当配置水平非贯通筋时,在地下室墙体平面图上原位标注。在地下室外墙外侧绘制粗实线段代表水平非贯通筋,在其上注写钢筋编号并以 H 打头注写钢筋强度等级、直径、分布间距,以及自支座中线向两边跨内的伸出长度值。当自支座中线向两侧对称伸出时,可仅在单侧标注跨内伸出长度,另一侧不注,此种情况下非贯通筋总长度为标注长度的 2 倍。边支座处非贯通钢筋的伸出长度值从支座外边缘算起。

地下室外墙外侧非贯通筋通常采用"隔一布一"方式与集中标注的贯通筋间隔布置,其标注间距应与贯通筋相同,两者组合后的实际分布间距为各自标注间距的 1/2。

当在地下室外墙外侧底部、顶部、中层楼板位置配置竖向非贯通筋时,应补充绘制地下室外墙竖向截面轮廓图并在其上原位标注。表示方法为在地下室外墙竖向截面轮廓图外侧绘制粗实线段代表竖向非贯通筋,在其上注写钢筋编号并以 V 打头注写钢筋强度等级、直径、分布间距,以及向上(下)层的伸出长度值,并在外墙竖向截面图名下注明分布范围(××~××轴)。

地下室外墙外侧水平、竖向非贯通筋配置相同者,可仅选择一处注写,其他可仅注写编号。

当在地下室外墙顶部设置通长加强钢筋时应注明。

# 6.2　剪力墙钢筋构造

## 6.2.1　剪力墙连梁钢筋构造

剪力墙连梁设置在剪力墙洞口上方,连接两片剪力墙,宽度与剪力墙同厚。连梁有单洞口连梁与双洞口连梁两种情况。

**1. 单洞口连梁构造**

当洞口两侧水平段长度不能满足连梁纵筋直锚长度 $\geqslant \max[l_{aE}(l_a), 600\ \text{mm}]$ 的要求时,可采用弯锚形式,连梁纵筋伸至墙外侧纵筋内侧弯锚,竖向弯折长度为 $15d$($d$ 为连梁纵筋直径),如图 6-4 所示(来自 11G101-1 第 74 页)。钢筋排布构造如图 6-5 所示(来自 12G901-1 第 74 页)。

洞口连梁下部纵筋和上部纵筋锚入剪力墙内的长度要求为 $\max[l_{aE}(l_a), 600\ \text{mm}]$,如图 6-4 所示。

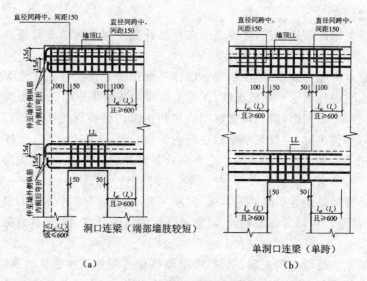

**图 6-4  单洞口连梁钢筋构造**
(a)墙端部洞口连梁构造;(b)墙中部洞口连梁构造

**2. 双洞口连梁**

当两洞口的洞间墙长度不能满足两侧连梁纵筋直锚长度 min[$l_{aE}$($l_a$)，1200 mm]的要求时，可采用双洞口连梁，如图 6-6 所示(来自 11G101－1 第 74 页)。钢筋排布构造如图 6-7 所示(来自 12G901－1 第 75 页)。其构造要求为：连梁上部、下部、侧面纵筋连续通过洞间墙，上下部纵筋锚入剪力墙内的长度要求为 max($l_{aE}$，600 mm)。

**3. 连梁箍筋和拉筋**

连梁第一道箍筋距离支座边缘 50 mm 开始设置。

剪力墙中间层连梁锚入支座长度范围内不需设置箍筋;剪力墙顶层连梁锚入支座长度范围应设置箍筋，箍筋直径与跨中箍筋相同，间距为 150 mm，距离支座边缘 100 mm 开始设置，在该范围内箍筋的主要作用是增强顶层连梁上部纵筋的锚固性能，因此，为施工方便，可采用下开口箍筋形式。

连梁拉筋直径和间距要求为：当梁宽≤350 mm 时拉筋直径取 6 mm，当梁宽>350 mm 时，拉筋直径取 8 mm;拉筋间距为两倍连梁箍筋间距，竖向沿侧面水平分布筋隔一拉一(间距为两倍连梁侧面水平构造钢筋间距)。

**4. 连梁交叉斜筋配筋构造**

当洞口连梁截面宽度≥250 mm 时，连梁中应根据具体条件设置斜向交叉斜筋配筋，如图 6-8 所示(来自 11G101－1 第 76 页)。钢筋排布构造如图 6-9 所示(来自 12G901－1 第 89 页)。斜向交叉钢筋锚入连梁支座内的锚固长度应≥max[$l_{aE}$($l_a$)，600 mm];交叉斜筋配筋连梁的对角斜筋在梁端部应设置拉筋，具体值见

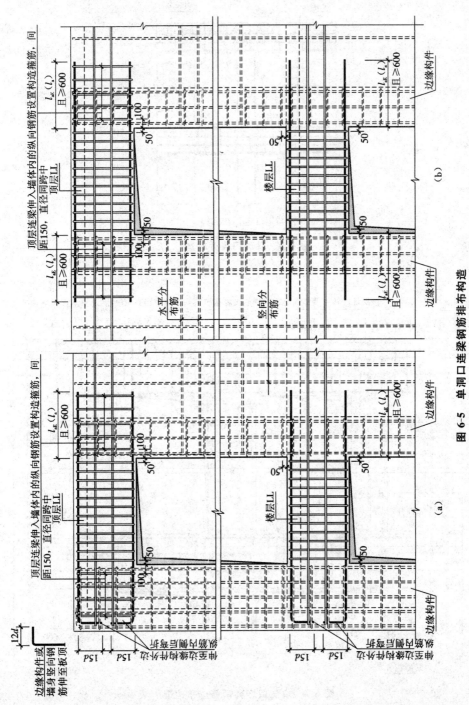

**图 6-5 单洞口连梁钢筋排布构造**

(a)墙端部洞口连梁构造;(b)墙中部洞口连梁构造

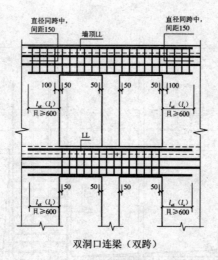

双洞口连梁（双跨）

**图 6-6 双洞口连梁构造**

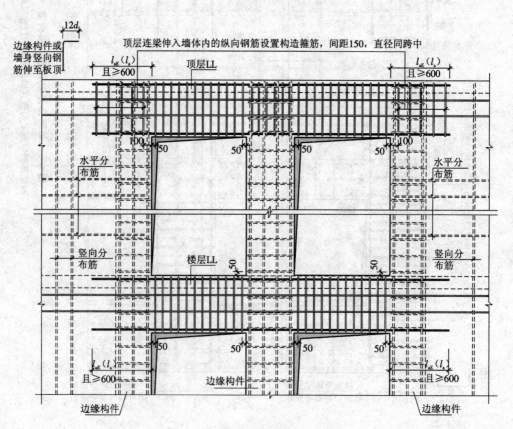

**图 6-7 双洞口连梁钢筋排布构造**

设计标注。

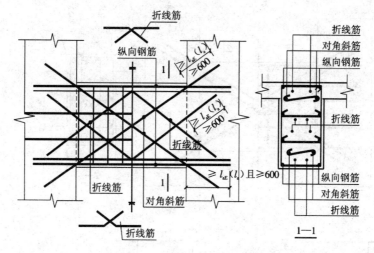

图 6-8　连梁交叉斜筋配筋构造

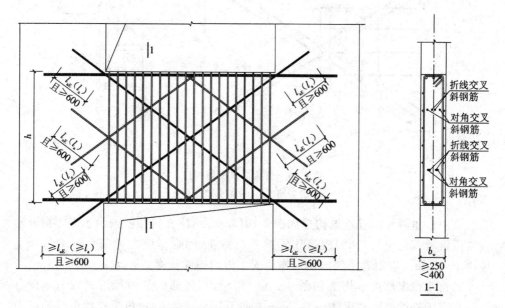

图 6-9　连梁交叉斜钢筋排布构造

交叉斜筋配筋连梁的水平钢筋及箍筋形成的钢筋网之间应采用拉筋拉结,拉筋直径不宜小于 6 mm,间距不宜大于 400 mm。

**5. 连梁对角配筋构造**

当连梁截面宽度≥400 mm 时,连梁中应根据具体条件设置集中对角斜筋配筋或对角暗撑配筋,如图 6-10 所示(来自 11G101-1 第 76 页)。钢筋排布构造如

图 6-11 所示(来自 12G901－1 第 87、88、90 页)。

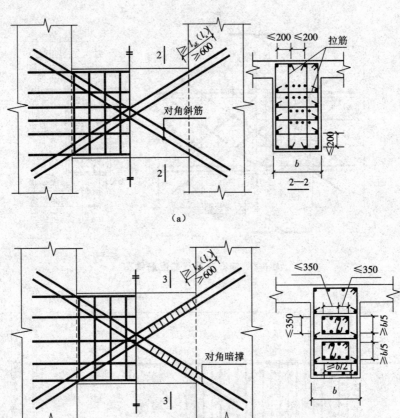

**图 6-10 连梁对角配筋构造**

(a)对角斜筋配筋;(b)对角暗撑配筋

　　集中对角斜筋配筋连梁构造如图 6-10(a)所示,应在梁截面内沿水平方向及竖直方向设置双向拉筋,拉筋应勾住外侧纵向钢筋,间距不应大于 200 mm,直径不应小于 8 mm。集中对角斜筋锚入连梁支座内的锚固长度≥max($l_{aE}$,600 mm)。

　　对角暗撑配筋连梁构造如图 6-10(b)所示,其箍筋的外边缘沿梁截面宽度方向不宜小于连梁截面宽度的一半,另一方向不宜小于 1/5;对角暗撑约束箍筋肢距不应大于 350 mm。当为抗震设计时,暗撑箍筋在连梁支座位置 600 mm 范围内进行箍筋加密;对角交叉暗撑纵筋锚入连梁支座内的锚固长度≥max($l_{aE}$,600 mm)。其水平钢筋及箍筋形成的钢筋网之间应采用拉筋拉结,拉筋直径不宜小于 6 mm,间距不宜大于 400 mm。

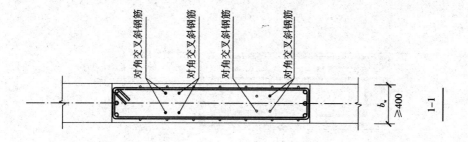

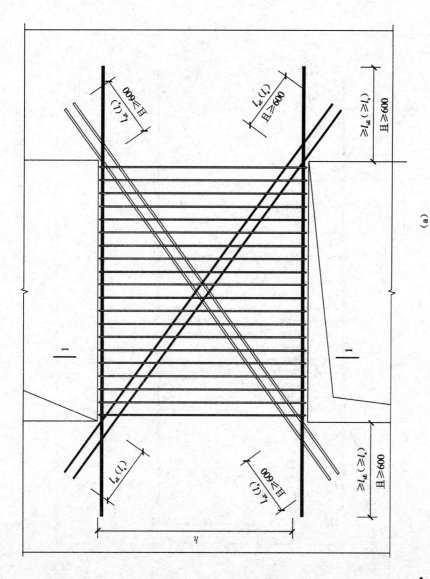

图 6-11 连梁对角钢筋排布构造

（a）对角斜钢筋排布构造；（b）对角暗撑钢筋排布构造

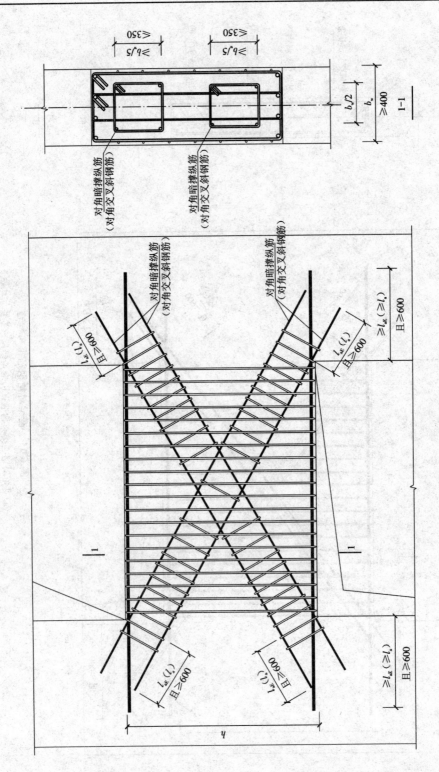

续图 6-11　连梁对角钢筋排布构造

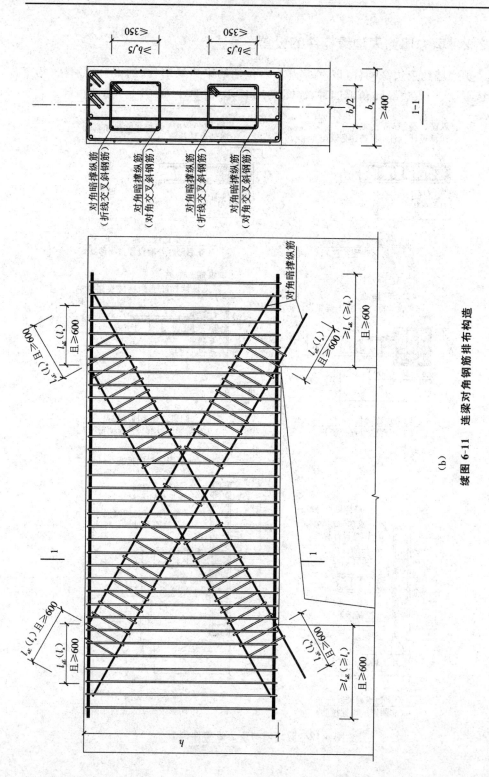

(b)

续图 6-11 连梁对角钢筋排布构造

## 6.2.2 剪力墙约束边缘构件的设置

剪力墙约束边缘构件(以 Y 字开头),包括约束边缘暗柱、约束边缘端柱、约束边缘翼墙、约束边缘转角墙四种,如图 6-12 所示(来自 11G101－1 第 71 页)。

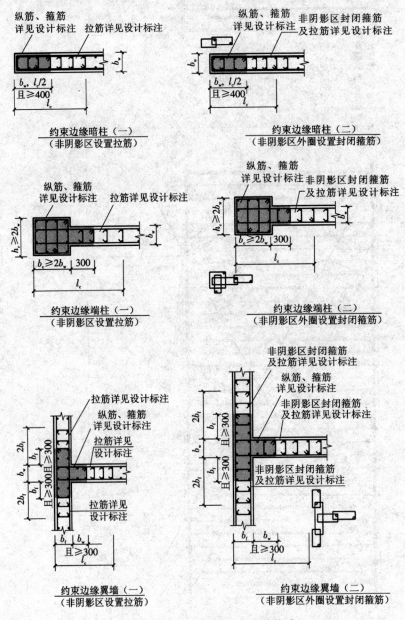

图 6-12 剪力墙约束边缘构件构造

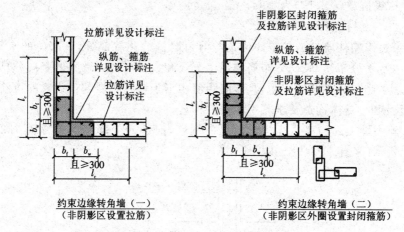

约束边缘转角墙（一）　　　　　　约束边缘转角墙（二）
（非阴影区设置拉筋）　　　　　（非阴影区外圈设置封闭箍筋）

续图 6-12　剪力墙约束边缘构件构造

1) 约束边缘构件的设置。

《建筑抗震设计规范》(GB 50011—2011)第 6.4.5 条规定:底层墙肢底截面的轴压比大于规范规定(表 6-4)的一至三级抗震墙,以及部分框支抗震结构的抗震墙,应在底部加强部位及相邻上一层设置;无抗震设防要求的剪力墙不设置底部加强区。

表 6-4　抗震墙设置构造边缘构件的最大轴压比

| 抗震等级或烈度 | 一级(9 度) | 一级(7,8 度) | 二、三级 |
|---|---|---|---|
| 轴压比 | 0.1 | 0.2 | 0.3 |

《建筑抗震设计规范》(GB 50011—2011)第 6.1.14 条:地下室顶板作为上部结构的嵌固部位时,地下一层抗震墙墙肢端部边缘构件纵向钢筋的截面面积,不应少于地下一层对应墙肢边缘构件纵向钢筋的截面积。

2) 约束边缘构件的纵向钢筋,配置在阴影范围内;图 6-12 中 $l_c$ 为约束边缘构件沿墙肢长度,与抗震等级、墙肢长度、构件截面形状有关。

① 不应小于墙厚和 400 mm。

② 有翼墙和端柱时,不应小于翼墙厚度或端柱沿墙肢方向截面高度加 300 mm。

剪力墙平面布置图中应注明约束边缘构件沿墙肢长度 $l_c$,当约束边缘翼墙中沿墙肢长度尺寸为 $2b_f$ 时可不注。

3)《建筑抗震设计规范》(GB 50011—2011)第 6.4.5 条:抗震墙的长度小于其 3 倍厚度,或端柱截面边长小于 2 倍墙厚时,按无翼墙、无端柱考虑。

4) 沿墙肢长度 $L_c$ 范围内箍筋或拉筋由设计文件注明,其沿竖向间距:

① 一级抗震(8、9 度)为 100 mm。

② 二、三级抗震为 150 mm。

约束边缘构件墙柱的扩展部位是与剪力墙身的共有部分,该部位的水平筋是剪力墙的水平分布筋,竖向分布筋的强度等级和直径按剪力墙身的竖向分布筋,但其间距小于竖向分布筋的间距,具体间距值相当于墙柱扩展部位设置的拉筋间距。设计不注明时,具体构造要求见平法详图构造。

5) 剪力墙上起约束边缘构件的纵向钢筋,应伸入下部墙体内锚固 $1.2l_{aE}$,如图 6-13 所示(来自 11G101—1 第 73 页)。

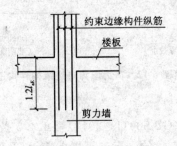

图 6-13    剪力墙上起约束边缘构件的纵筋构造

## 6.2.3    剪力墙构造边缘构件的设置

剪力墙构造边缘构件(以 G 字开头)包括构造边缘暗柱、构造边缘端柱、构造边缘翼墙、构造边缘转角墙四种,如图 6-14 所示(来自 11G101—1 第 73 页)。

剪力墙的端部和转角等部位设置边缘构件,目的是改善剪力墙肢的延性性能。

《建筑抗震设计规范》(GB 50011—2011)第 6.4.5 条:对于抗震墙结构,底层墙肢底截面的轴压比不大于规范规定(表 6-4)的一、二、三级抗震墙及四级抗震墙,墙肢两端、洞口两侧可设置构造边缘构件。

抗震墙的构造边缘构件范围如图 6-15 所示。

2) 底部加强部位的构造边缘构件,与其他部位的构造边缘构件配筋要求不同(底部加强区的剪力墙构造边缘构件配筋率为 0.7%,其他部位的边缘约束构件的配筋率为 0.6%)。

《高层建筑混凝土结构技术规程》(JGJ 3—2010)第 7.2.16 条:剪力墙构造边缘构件箍筋及拉结钢筋的无支长度(肢距)不宜大于 300 mm;箍筋及拉结钢筋的水平间距不应大于竖向钢筋间距的 2 倍,转角处宜采用箍筋。

有抗震设防要求时,对于复杂的建筑结构中剪力墙构造边缘构件,不宜全部采用拉结筋,宜采用箍筋或箍筋和拉筋结合的形式。

当构造边缘构件是端柱时,端柱承受集中荷载,其纵向钢筋和箍筋应满足框架柱的配筋及构造要求。构造边缘构件的钢筋宜采用高强钢筋,可配箍筋与拉筋相

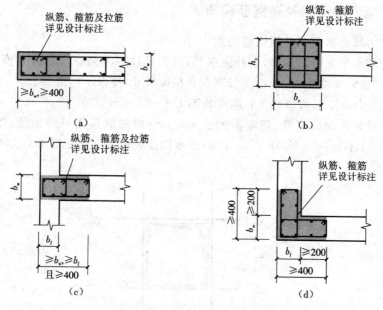

**图 6-14　剪力墙构造边缘构件**

(a)构造边缘暗柱;(b)构造边缘端柱;

(c)构造边缘翼墙;(d)构造边缘转角墙

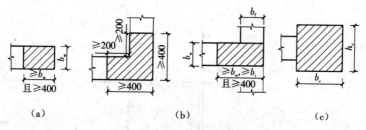

**图 6-15　抗震墙的构造边缘构件范围**

(a)暗柱;(b)翼墙;(c)端柱

结合的横向钢筋。

　　3)剪力墙受力状态,平面内的刚度和承载力较大,平面外的刚度和承载力较小,当剪力墙与平面外方向的梁相连时,会产生墙肢平面外的弯矩,当梁高大于2倍墙厚时,梁端弯矩对剪力墙平面外的安全不利,因此,当楼层梁与剪力墙相连时会在墙中设置扶壁柱或暗柱;在非正交的剪力墙中和十字交叉剪力墙中,除在端部设置边缘构件外,在非正交墙的转角处及十字交叉处也设有暗柱。

　　如果施工设计图未注明具体的构造要求,扶壁柱按框架柱的构造措施,暗柱按构造边缘构件的构造措施(扶壁柱及暗柱的尺寸和配筋是根据设计确定)。

## 6.2.4 剪力墙洞口补强钢筋构造

**1. 剪力墙矩形洞口补强钢筋构造**

剪力墙由于开矩形洞口，需补强钢筋，当设计注写补强纵筋具体数值时，按设计要求；当设计未注明时，依据洞口宽度和高度尺寸，按以下构造要求。

（1）剪力墙矩形洞口宽度和高度均不大于 800 mm

剪力墙矩形洞口宽度、高度不大于 800 mm 时的洞口需补强钢筋，如图 6-16 所示（来自 11G101—1 第 78 页）。钢筋排布构造如图 6-17 所示（来自 12G901—1 第 94 页）。

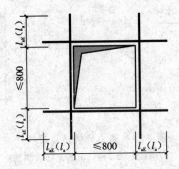

**图 6-16　剪力墙矩形洞口补强钢筋构造**

（剪力墙矩形洞口宽度和高度均不大于 800 mm）

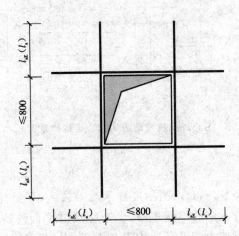

**图 6-17　剪力墙洞口钢筋排布构造详图**

（方洞洞边尺寸不大于 800 mm）

补强钢筋面积：按每边配置两根不小于 12 mm 且不小于同向被切断纵筋总面积的一半补强。

补强钢筋级别：补强钢筋级别与被截断钢筋相同。

补强钢筋锚固措施：补强钢筋两端锚入墙内的长度为 $l_{aE}(l_a)$，洞口被切断的钢筋设置弯钩，弯钩长度为过墙中线加 $5d$（即墙体两面的弯钩相互交错 $10d$），补强纵筋固定在弯钩内侧。

（2）剪力墙矩形洞口宽度或高度均大于 800 mm

剪力墙矩形洞口宽度或高度均大于 800 mm 时的洞口需补强暗梁，如图 6-18 所示（来自 11G101－1 第 78 页），配筋具体数值按设计要求。钢筋排布构造如图 6-19 所示（来自 12G901－1 第 94 页）。

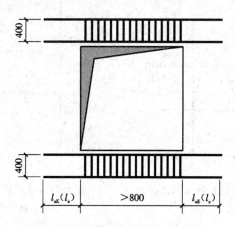

**图 6-18　剪力墙矩形洞口补强钢筋构造**

（剪力墙矩形洞口宽度和高度均大于 800 mm）

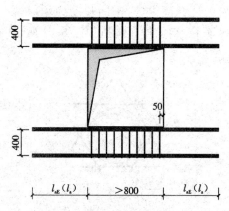

**图 6-19　剪力墙洞口钢筋排布构造详图**

（剪力墙方洞洞边尺寸大于 800 mm）

当洞口上边或下边为连梁时，不再重复补强暗梁，洞口竖向两侧设置剪力墙边缘构件。洞口被切断的剪力墙竖向分布钢筋设置弯钩，弯钩长度为 $15d$，在暗梁纵筋内侧锚入梁中。

**2. 剪力墙圆形洞口补强钢筋构造**

（1）剪力墙圆形洞口直径不大于 300 mm

剪力墙圆形洞口直径不大于 300 mm 时的洞口需补强钢筋。剪力墙水平分布筋与竖向分布筋遇洞口不截断，均绕洞口边缘通过；或按设计标注在洞口每侧补强纵筋，锚固长度为两边均不小于 $l_{aE}(l_a)$，如图 6-20 所示（来自 11G101-1 第 78 页）。钢筋排布构造如图 6-21 所示（来自 12G901-1 第 95 页）。

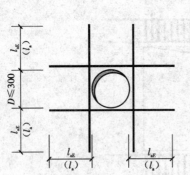
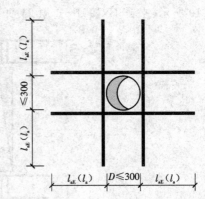

**图 6-20　剪力墙圆形洞口补强钢筋构造**

（圆形洞口直径不大于 300 mm）

**图 6-21　剪力墙圆形洞口钢筋排布构造**

（圆形洞口直径不大于 300 mm）

（2）剪力墙圆形洞口直径大于 300 mm 且小于或等于 800 mm

剪力墙圆形洞口直径大于 300 mm 且小于或等于 800 mm 的洞口需补强钢筋。洞口每侧补强钢筋设计标注内容，锚固长度为均应 $\geqslant l_{aE}(l_a)$，如图 6-22 所示（来自 11G101-1 第 78 页）。钢筋排布构造如图 6-23 所示（来自 12G901-1 第 95 页）。

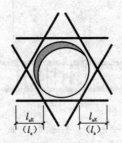

**图 6-22　剪力墙圆形洞口补强钢筋构造**

（圆形洞口直径大于 300 mm 且小于或等于 800 mm）

（3）剪力墙圆形洞口直径大于 800 mm

剪力墙圆形洞口直径大于 800 mm 时的洞口需补强钢筋。当洞口上边或下边为剪力墙连梁时，不再重复设置补强暗梁。洞口每侧补强钢筋设计标注内容，锚固长度为均应 $\geqslant \max(l_{aE}, 300 \text{ mm})$，如图 6-24 所示（来自 11G101-1 第 78 页）。钢

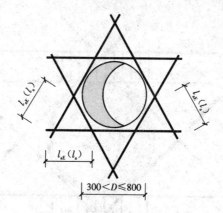

**图 6-23 剪力墙圆形洞口钢筋排布构造**

圆形洞口直径大于 300 mm 且小于或等于 800 mm)

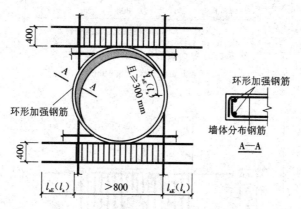

**图 6-24 剪力墙圆形洞口补强钢筋构造**

（圆形洞口直径大于 800 mm）

筋排布构造如图 6-25 所示（来自 12G901－1 第 95 页）。

**3. 连梁中部洞口**

连梁中部有洞口时,洞口边缘距离连梁边缘不小于 $\max(h/3, 200 \text{ mm})$。洞口每侧补强纵筋与补强箍筋按设计标注,补强钢筋的锚固长度为不小于 $l_{aE}(l_a)$,如图 6-26 所示（来自 11G101－1 第 78 页）。

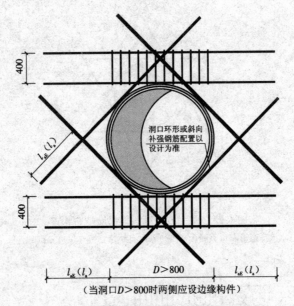

**图 6-25  剪力墙圆形洞口钢筋排布构造**

（圆形洞口直径大于 800 mm）

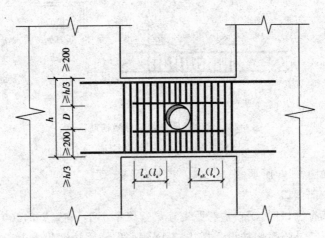

**图 6-26  剪力墙连梁洞口补强钢筋构造**

# 6.3 剪力墙钢筋计算实例

**【例 6-1】**

如图 6-27 所示用截面注写方式表达的剪力墙施工图。三级抗震,剪力墙和基础混凝土强度等级均为 C25,剪力墙和板的保护层厚度均为 15 mm,基础保护层厚度为 40 mm。各层楼板厚度均为 100 mm,基础厚度为 1200 mm。如图 6-28 和图 6-29 所示为剪力墙墙身竖向分布筋和水平分布筋构造。试计算墙身钢筋。

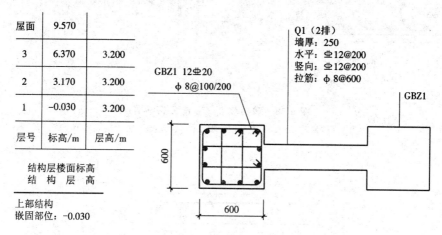

图 6-27　剪力墙平法施工图截面注写方式

**【解】**

(1) 基础部分如图 6-28(a)所示

1) 竖向插筋。

$$l_{aE} = \zeta_{aE} \cdot l_a = \zeta_{aE} \cdot \zeta_a \cdot l_{ab} = 1.05 \times 0.7 \times 40 \times 12 = 352.8 < h_j = 1200 \text{ mm}$$

故

$$弯折长度 = 6d$$

$$长度 = 基础内高度 + 基础内弯钩 + 搭接长度$$

$$= 1200 - 40 - 16 \times 2 + 6 \times 12 + 1.2 \times 352.8$$

$$= 1623.36 (\text{mm})$$

$$根数 = 排数 \times \left( \frac{墙净长 - \frac{1}{2}竖向筋间距 \times 2}{竖向筋间距} + 1 \right)$$

$$= 2 \times \left( \frac{5200 - 100 \times 2}{200} + 1 \right)$$

$$= 52 (\text{根})$$

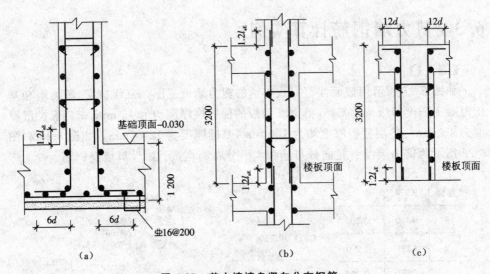

**图 6-28 剪力墙墙身竖向分布钢筋**

(a)基础部分；(b)中间层(一、二层)；(c)顶层(三层)

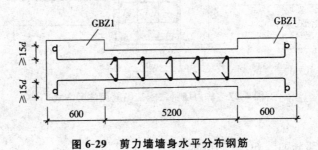

**图 6-29 剪力墙墙身水平分布钢筋**

2）水平分布筋。

长度＝(端柱截面尺寸－保护层－端柱箍筋直径－端柱外侧纵筋直径)×2＋
　　　墙净长＋弯折长度×2

　＝(600－20－8－20)×2＋5200＋15×12×2

　＝6664(mm)(弯折长度见图 6-29 所示为 15d)

由于基础内设置水平分布筋与拉筋的要求是：间距不大于 500 mm，且不少于
两道。

因此基础内水平筋根数至少＝2×4＝8(根)

3）拉筋(按中心线计算)。

长度＝墙厚－保护层×2－d＋11.9d×2

　　＝250－15×2－8＋11.9×8×2

　　＝402.4(mm)(d 为拉筋直径)

$$根数 = \frac{墙净面积}{拉筋的布置面积} = \frac{1200 \times 52\,000}{600 \times 600} = 18(根)$$

（2）中间层（一层），如图 6-28(b)所示

1）竖向钢筋。

$$长度 = 层高 + 上面搭接长度 = 3200 + 1.2 \times 352.8 = 3623.36(mm)$$

$$根数 = 排数 \times \left[ \frac{墙净长 - \frac{1}{2}竖向筋间距 \times 2}{竖向筋间距} + 1 \right]$$

$$= 2 \times \left( \frac{5200 - 100 \times 2}{200} + 1 \right)$$

$$= 52(根)$$

2）水平钢筋。

长度 =（端柱截面尺寸 - 保护层 - 端柱箍筋直径 - 端柱外侧纵筋直径）$\times 2 +$

墙净长 + 弯折长度 $\times 2$

$$= (600 - 20 - 8 - 20) \times 2 + 5200 + 15 \times 12 \times 2$$

$$= 6664(mm)$$

$$根数 = 排数 \times \left[ \frac{墙净高 - \frac{1}{2}水平筋间距 \times 2}{水平筋间距} + 1 \right]$$

$$= 2 \times \left( \frac{3200 - 100 - 100 \times 2}{200} + 1 \right)$$

$$= 31(根)（实际对称布置为 32 根）$$

3）拉筋。

$$长度 = 墙厚 - 保护层 \times 2 - d + 11.9d \times 2$$

$$= 250 - 15 \times 2 - 8 + 11.9 \times 8 \times 2$$

$$= 402.4(mm)（d 为拉筋直径）$$

$$根数 = \frac{一层墙净面积}{拉筋的布置面积} = \frac{(3200 - 100) \times 5200}{600 \times 600} = 45(根)$$

（3）中间层（二层），如图 6-28(b)所示

计算同中间层（一层）。

（4）顶层（三层），如图 6-28(c)所示

1）竖向钢筋。

长度 = 层高 - 保护层 + 12d

$$= 3200 - 15 + 12 \times 12 = 3329(mm)（12d 为墙身竖向钢筋在屋面板内的弯折长度）$$

根数同中间层。

2）水平钢筋。

长度和根数同中间层。

3）拉筋。

长度和根数同中间层。

# 7 板构件

## 7.1 板构件平法识图

### 7.1.1 有梁楼盖板的识图

有梁楼盖板平法施工图,系在楼面板和屋面板布置图上,采用平面注写的表达方式,如图 7-1 所示(来自 11G101—1 第 41 页)。板平面注写主要包括板块集中标注和板支座原位标注。

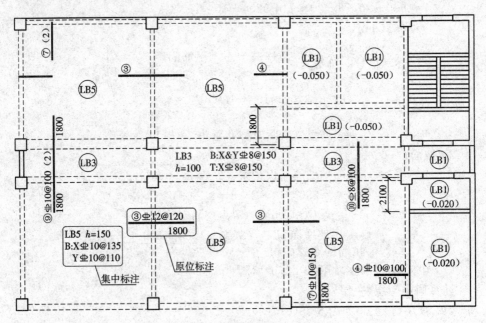

**图 7-1 板平面表达方式**

为方便设计表达和施工识图,规定结构平面的坐标方向为:

1)当两向轴网正交布置时,图面从左至右为 X 向,从下至上为 Y 向;

2)当轴网转折时,局部坐标方向顺轴网转折角度做相应转折;

3)当轴网向心布置时,切向为 X 向,径向为 Y 向。

此外,对于平面布置比较复杂的区域,如轴网转折交界区域、向心布置的核心区域等,其平面坐标方向应由设计者另行规定并在图上明确表示。

**1. 板块集中标注**

板块集中标注的内容包括板块编号、板厚、贯通纵筋,以及当板面标高不同时的标高高差。

(1)板块编号

首先来介绍下板块的定义。板块:对于普通楼盖,两向均以一跨为一板块;对于密肋楼盖,两向主梁(框架梁)均以一跨为一板块(非主梁密肋不计)。板块编号的表达方式见表 7-1。

表 7-1 板块编号

| 板类型 | 代号 | 序号 |
|--------|------|------|
| 楼板 | LB | ×× |
| 屋面板 | WB | ×× |
| 悬挑板 | XB | ×× |

所有板块应逐一编号,相同编号的板块可择其一做集中标注,其他仅注写置于圆圈内的板编号,以及当板面标高不同时的标高高差。

(2)板厚

板厚的注写方式为 $h=×××$(为垂直于板面的厚度);当悬挑板的端部改变截面厚度时,用斜线分隔根部与端部的高度值,注写方式为 $h=×××/×××$;当设计已在图注中统一注明板厚时,此项可不注。

(3)贯通纵筋

板构件的贯通纵筋,按板块的下部和上部分别注写(当板块上部不设贯通纵筋时则不注),并以 B 代表下部,T 代表上部,B&T 代表下部与上部;X 向贯通纵筋以 X 打头,Y 向贯通纵筋以 Y 打头,两向贯通纵筋配置相同时则以 X&Y 打头。

当为单向板时,分布筋可不必注写,而在图中统一注明。

当在某些板内(例如悬挑板 XB 的下部)配置有构造钢筋时,则 X 向以 Xc,Y 向以 Yc 打头注写。

当 Y 向采用放射配筋时(切向为 X 向,径向为 Y 向),设计者应注明配筋间距的定位尺寸。

当贯通筋采用两种规格钢筋"隔一布一"方式时,表达为 $\phi xx/yy@xxx$,表示直径为 xx 的钢筋和直径为 yy 的钢筋二者之间间距为 xxx,直径 xx 的钢筋的间距为 xxx 的 2 倍,直径 yy 的钢筋的间距为 xxx 的 2 倍。

**2. 板支座原位标注**

板支座原位标注的内容为:板支座上部非贯通纵筋和悬挑板上部受力钢筋。

板支座原位标注的钢筋,应在配置相同跨的第一跨表达(当在梁悬挑部位单独配置时则在原位表达)。在配置相同跨的第一跨(或梁悬挑部位),垂直于板支座(梁或墙)绘制一段适宜长度的中粗实线(当该筋通长设置在悬挑板或短跨板上部时,实线段应画至对边或贯通短跨),以该线段代表支座上部非贯通纵筋,并在线段上方注写钢筋编号(如①、②等)、配筋值、横向连续布置的跨数(注写在括号内,且当为一跨时可不注),以及是否横向布置到梁的悬挑端。

板支座上部非贯通筋自支座中线向跨内的伸出长度,注写在线段的下方位置。

当中间支座上部非贯通纵筋向支座两侧对称伸出时,可仅在支座一侧线段下方标注伸出长度,另一侧不注,如图7-2所示(来自11G101-1第38页)。

当向支座两侧非对称伸出时,应分别在支座两侧线段下方注写伸出长度,如图7-3所示(来自11G101-1第38页)。

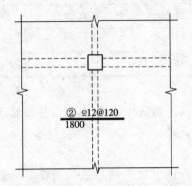

**图7-2  板支座上部非贯通筋对称伸出**

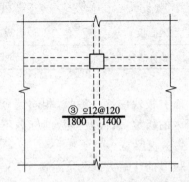

**图7-3  板支座上部非贯通筋非对称伸出**

对线段画至对边贯通全跨或贯通全悬挑长度的上部通长纵筋,贯通全跨或伸出至全悬挑一侧的长度值不注,只注明非贯通筋另一侧的伸出长度值,如图7-4所示(来自11G101-1第38页)。

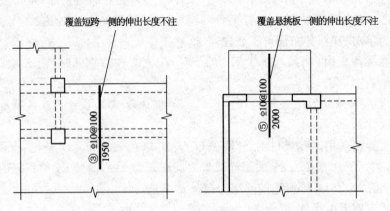

**图7-4  板支座上部非贯通筋贯通全跨或伸至悬挑端**

当板支座为弧形,支座上部非贯通纵筋呈放射状分布时,设计者应注明配筋间距的度量位置并加注"放射分布"四字,必要时应补绘平面配筋图,如图 7-5 所示(来自 11G101－1 第 39 页)。

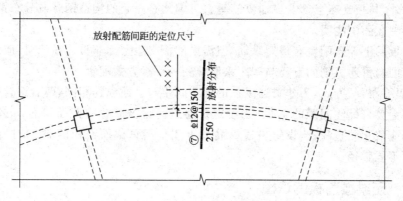

图 7-5 弧形支座处放射配筋

关于悬挑板的注写方式如图 7-6 所示(来自 11G101－1 第 39 页)。当悬挑板端部厚度不小于 150 时,设计者应指定板端部封边构造方式,且当采用 U 形钢筋封边时,尚应指定 U 形钢筋的规格、直径。

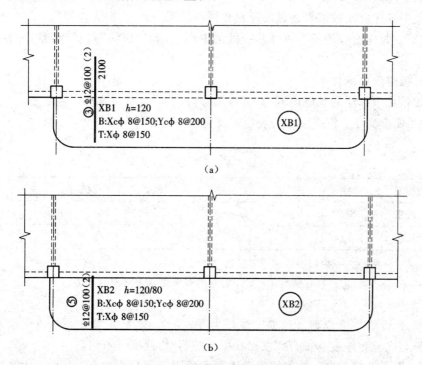

图 7-6 悬挑板支座非贯通筋

在板平面布置图中,不同部位的板支座上部非贯通纵筋及悬挑板上部受力钢筋,可仅在一个部位注写,对其他相同者则仅需在代表钢筋的线段上注写编号及按本条规则注写横向连续布置的跨数即可。

此外,与板支座上部非贯通纵筋垂直且绑扎在一起的构造钢筋或分布钢筋,应由设计者在图中注明。

当板的上部已配置有贯通纵筋,但需增配板支座上部非贯通纵筋时,应结合已配置的同向贯通纵筋的直径与间距采取"隔一布一"方式配置。

"隔一布一"方式,为非贯通纵筋的标注间距与贯通纵筋相同,两者组合后的实际间距为各自标注间距的1/2。当设定贯通纵筋为纵筋总截面面积的50%时,两种钢筋应取相同直径;当设定贯通纵筋大于或小于总截面面积的50%时,两种钢筋则取不同直径。

## 7.1.2 无梁楼盖板的识图

无梁楼盖平法施工图,系在楼面板和屋面板布置图上,采用平面注写的表达方式。

板平面注写主要有板带集中标注、板带支座原位标注两部分内容,如图7-7所示(来自11G101-1第45页)。

集中标注应在板带贯通纵筋配置相同跨的第一跨(X向为左端跨,Y向为下端跨)注写。相同编号的板带可择其一做集中标注,其他仅注写板带编号(注在圆圈内)。

**1.板带集中标注**

板带集中标注的具体内容为:板带编号,板带厚及板带宽和贯通纵筋。

1)板带编号。板带编号的表达形式见表7-2。

表 7-2　板带编号

| 板带类型 | 代号 | 序号 | 跨数及有无悬挑 |
|---|---|---|---|
| 柱上板带 | ZSB | ×× | (××)、(××A)或(××B) |
| 跨中板带 | KZB | ×× | (××)、(××A)或(××B) |

注:① 跨数按柱网轴线计算(两相邻柱轴线之间为一跨)。

② (××A)为一端有悬挑,(××B)为两端有悬挑,悬挑不计入跨数。

2)板带厚及板带宽。板带厚注写为 $h=×××$,板带宽注写为 $b=×××$。当无梁楼盖整体厚度和板带宽度已在图中注明时,此项可不注。

3)贯通纵筋。贯通纵筋按板带下部和板带上部分别注写,并以 B 代表下部,T 代表上部,B&T 代表下部和上部。当采用放射配筋时,设计者应注明配筋间距的度量位置,必要时补绘配筋平面图。

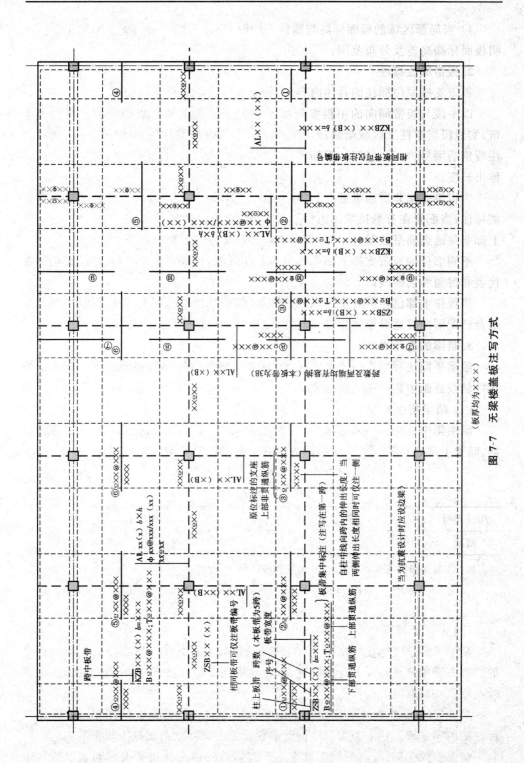

**图 7-7 无梁楼盖板注写方式**

4）当局部区域的板面标高与整体不同时,应在无梁楼盖的板平法施工图上注明板面标高高差及分布范围。

**2. 板带原位标注**

板带支座原位标注的具体内容为:板带支座上部非贯通纵筋。

以一段与板带同向的中粗实线段代表板带支座上部非贯通纵筋。对柱上板带,实线段贯穿柱上区域绘制;对跨中板带,实线段横贯柱网轴线绘制。在线段上注写钢筋编号(如①、②等)、配筋值及在线段的下方注写自支座中线向两侧跨内的伸出长度。

当板带支座非贯通纵筋自支座中线向两侧对称伸出时,其伸出长度可仅在一侧标注;当配置在有悬挑端的边柱上时,该筋伸出到悬挑尽端,设计不注。当支座上部非贯通纵筋呈放射分布时,设计者应注明配筋间距的定位位置。

不同部位的板带支座上部非贯通纵筋相同者,可仅在一个部位注写,其余则在代表非贯通纵筋的线段上注写编号。

当板带上部已经配有贯通纵筋,但需增加配置板带支座上部非贯通纵筋时,应结合已配同向贯通纵筋的直径与间距,采取"隔一布一"的方式配置。

**3. 暗梁的表示方法**

暗梁平面注写包括暗梁集中标注、暗梁支座原位标注两部分内容。施工图中在柱轴线处画中粗虚线表示暗梁。

(1) 暗梁集中标注

暗梁集中标注包括暗梁编号、暗梁截面尺寸(箍筋外皮宽度×板厚)、暗梁箍筋、暗梁上部通长筋或架立筋四部分内容。暗梁编号见表 7-3。

表 7-3　暗梁编号

| 构件类型 | 代号 | 序号 | 跨数及有无悬挑 |
| --- | --- | --- | --- |
| 暗梁 | AL | ×× | (××)、(××A)或(××B) |

注:① 跨数按柱网轴线计算(两相邻柱轴线之间为一跨)。

②(××A)为一端有悬挑,(××B)为两端有悬挑,悬挑不计入跨数。

(2) 暗梁支座原位标注

暗梁支座原位标注包括梁支座上部纵筋、梁下部纵筋。当在暗梁上集中标注的内容不适用于某跨或某悬挑端时,则将其不同数值标注在该跨或该悬挑端,施工时按原位注写取值。

当设置暗梁时,柱上板带及跨中板带标注方式与板带集中标注和板支座原位标注的内容一致。柱上板带标注的配筋仅设置在暗梁之外的柱上板带范围内。

暗梁中纵向钢筋连接、锚固及支座上部纵筋的伸出长度等要求同轴线处柱上板带中纵向钢筋。

# 7.2 板构件钢筋构造

## 7.2.1 有梁楼盖楼(屋)面板钢筋构造

有梁楼盖楼(屋)面板配筋构造如图 7-8 所示(来自 11G101-1 第 92 页)。

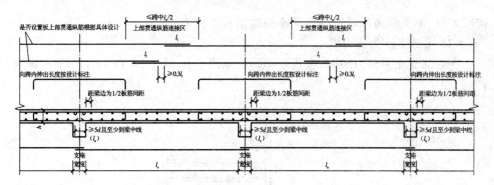

**图 7-8 有梁楼盖楼(屋)面板配筋构造**

**1. 中间支座钢筋构造**

(1)上部纵筋

1)上部非贯通纵筋向跨内伸出长度详见设计标注。

2)与支座垂直的贯通纵筋贯通跨越中间支座,上部贯通纵筋连接区在跨中 1/2 跨度范围之内;相邻等跨或不等跨的上部贯通纵筋配置不同时,应将配置较大者越过其标注的跨数终点或起点延伸至相邻跨的跨中连接区域连接。

与支座同向的贯通纵筋的第一根钢筋在距梁角筋 1/2 板筋间距处开始设置。

(2)下部纵筋

1)与支座垂直的贯通纵筋伸入支座 $5d$ 且至少到梁中线;

2)与支座同向的贯通纵筋的第一根钢筋在距梁角筋 1/2 板筋间距处开始设置。

**2. 端部支座钢筋构造**

(1)端部支座为梁

当端部支座为梁时,楼板端部构造如图 7-9 所示(来自 11G101-1 第 92 页)。

1)板上部贯通纵筋伸至梁外侧角筋的内侧弯钩,弯折长度为 $15d$。当设计按铰接时,弯折水平段长度 $\geqslant 0.35 l_{ab}$;当充分利用钢筋的抗拉强度时,弯折水平段长度 $\geqslant 0.6 l_{ab}$。

2)板下部贯通纵筋在端部制作的直锚长度 $\geqslant 5d$ 且至少到梁中线;梁板式转

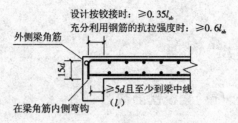

**图 7-9 端部支座为梁时,楼板端部构造**

换层的板,下部贯通纵筋在端部支座的直锚长度为 $l_a$。

（2）端部支座为剪力墙

当端部支座为剪力墙时,楼板端部构造如图 7-10 所示(来自 11G101－1 第 92 页)。

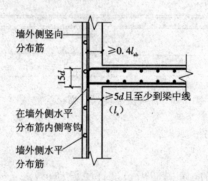

**图 7-10 端部支座为剪力墙时,楼板端部构造**

1）板上部贯通纵筋伸至墙身外侧水平分布筋的内侧弯钩,弯折长度为 $15d$。弯折水平段长度为 $0.4l_{ab}$。

2）板下部贯通纵筋在端部支座的直锚长度 $\geqslant 5d$ 且至少到墙中线。

（3）端部支座为砌体墙的圈梁

当端部支座为砌体墙的圈梁时,楼板端部构造如图 7-11 所示(来自 11G101－1 第 92 页)。

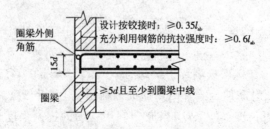

**图 7-11 端部支座为砌体墙的圈梁时,楼板端部构造**

1）板上部贯通纵筋伸至圈梁外侧角筋的内侧弯钩，弯折长度为 $15d$。当设计按铰接时，弯折水平段长度 $\geqslant 0.35l_{ab}$；当充分利用钢筋的抗拉强度时，弯折水平段长度 $\geqslant 0.6l_{ab}$。

2）板下部贯通纵筋在开标支座的直锚长度 $\geqslant 5d$ 且至少到梁中线。

（4）端部支座为砌体墙

当端部支座为砌体墙时，楼板端部构造如图 7-12 所示（来自 11G101－1 第 92 页）。

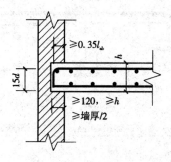

**图 7-12  端部支座为砌体墙时，楼板端部构造**

板在端部支座的支承长度 $\geqslant 120$ mm，$\geqslant h$（楼板的厚度）且 $\geqslant 1/2$ 墙厚。板上部贯通纵筋伸至板端部（扣减一个保护层），然后弯折 $15d$。板下部贯通纵筋伸至板端部（扣减一个保护层）。

## 7.2.2  纵向钢筋非接触搭接构造

板的钢筋连接，除了搭接连接、焊接连接和机械连接外，还有一种非接触方式的绑扎搭接连接，如图 7-13 所示（来自 11G101－1 第 94 页）。在搭接范围内，相互搭接的纵筋与横向钢筋的每个交叉点均应进行绑扎。非接触搭接使混凝土能够与搭接范围内所有钢筋的全表面充分黏结，可以提高搭接钢筋之间通过混凝土传力的可靠度。

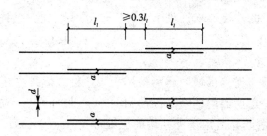

（$30+d \leqslant a < 0.2l_l$ 及150的较小值）

**图 7-13  纵向钢筋非接触搭接构造**

### 7.2.3 无梁楼盖柱上板带与跨中板带纵向钢筋构造要求

无梁楼盖柱上板带与跨中板带纵向钢筋构造如图7-14所示(来自11G101—1第96页)。

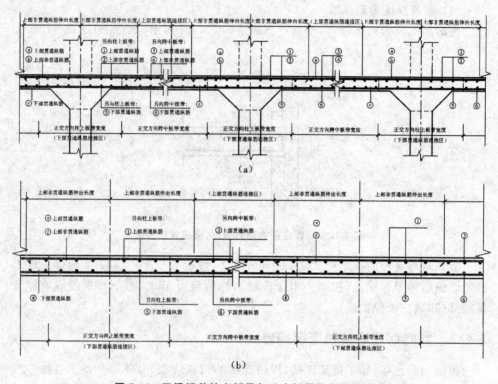

**图7-14 无梁楼盖柱上板带与跨中板带纵向钢筋构造**

(a)柱上板带 ZSB 纵向钢筋构造;(b)跨中板带 KZB 纵向钢筋构造

1) 当相邻等跨或不等跨的上部贯通纵筋配置不同时,应将配置较大者越过其标注的跨数终点或起点伸出至相邻跨的跨中连接区域连接。

2) 板贯通纵筋的连接要求详见11G101—1图集纵向钢筋连接构造,且同一连接区段内钢筋接头百分率不宜大于50%。当采用非接触方式的绑扎搭接连接时,具体构造要求如图7-13所示。

3) 板贯通纵筋在连接区域内也可采用机械连接或焊接连接。

4) 板位于同一层面的两向交叉纵筋何向在下、何向在上,应按具体设计说明。

5) 图7-14构造同样适用于无柱帽的无梁楼盖。

6) 抗震设计时,无梁楼盖柱上板带内贯通纵筋搭接长度应为 $l_{lE}$。无柱帽柱上板带的下部贯通纵筋,宜在距柱面2倍板厚以外连接,采用搭接时钢筋端部宜设置垂直于板面的弯钩。

## 7.2.4　悬挑板的配筋构造

1) 跨内、外板面同高的延伸悬挑板,如图 7-15 所示(来自 11G101-1 第 95 页)。

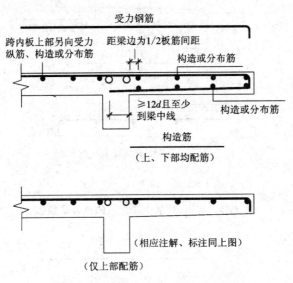

图 7-15　跨内、外板面同高的延伸悬挑板

由于悬臂支座处的负弯矩对内跨跨中有影响,会在内跨跨中再出现负弯矩,因此:

① 上部钢筋可与内跨板负筋贯通设置,或伸入支座内锚固 $l_a$。

② 悬挑较大时,下部配置构造钢筋并铺入支座内≥12d,并至少伸至支座中心线处。

2) 跨内、外板面不同高的延伸悬挑板,如图 7-16 所示(来自 11G101-1 第 95 页)。

① 悬挑板上部钢筋锚入内跨板内直锚 $l_a$,与内跨板负筋分离配置。

② 不得弯折连续配置上部受力钢筋。

③ 悬挑较大时,下部配置构造钢筋并锚入支座内≥12d,并至少伸至支座中心线处。

④ 内跨板的上部受力钢筋的长度,根据板上的均布活荷载设计值与均布恒载设计值的比值确定。

3) 纯悬挑板,如图 7-17 所示(来自 11G101-1 第 95 页)。

① 悬挑板上部是受力钢筋,受力钢筋在支座的锚固,宜采用 90°弯折锚固,伸至梁远端纵筋内侧下弯。

② 悬挑较大时,下部配置构造钢筋并锚入支座内≥12d,并至少伸至支座中心

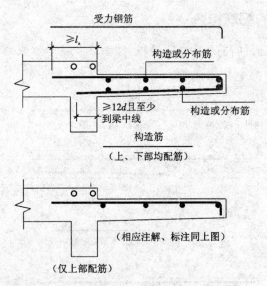

图 7-16 跨内、外板面不同高的延伸悬挑板

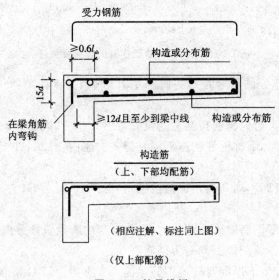

图 7-17 纯悬挑板

线处。

③ 注意支座梁的抗扭钢筋的配置:支撑悬挑板的梁,梁筋受到扭矩作用,扭力在最外侧两端最大,梁中纵向钢筋在支座内的锚固长度,按受力钢筋进行锚固。

4) 现浇挑檐、雨篷等伸缩缝间距不宜大于 12 m。

对现浇挑檐、雨篷、女儿墙长度大于 12 m,考虑其耐久性的要求,要设 2 cm 左右温度间隙,钢筋不能切断,混凝土构件可断。

5）考虑竖向地震作用时，上、下受力钢筋应满足抗震锚固长度要求。

这对于复杂高层建筑物中的长悬挑板，由于考虑负风压产生的吸力，在北方地区高层、超高层建筑物中采用的是封闭阳台，在南方地区很多采用非封闭阳台。

6）悬挑板端部封边构造方式，如图 7-18 所示（来自 11G101-1 第 95 页）。

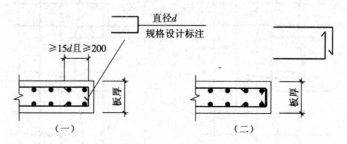

**图 7-18　无支撑板端部封边构造**

（当板厚≥150 mm 时）

当悬挑板板端部厚度不小于 150 mm 时，设计者应指定板端部封边构造方式，当采用 U 型钢筋封边时，尚应指定 U 型钢筋的规格、直径。

## 7.2.5　板开洞钢筋排布构造

当矩形洞口边长和圆形洞直径小于 300 mm 时，受力钢筋绕过孔洞，不另设补强钢筋，如图 7-19 所示（来自 12G901-1 第 135 页）。

当矩形洞口边长或圆形洞口直径小于或等于 1000 mm，且当洞边无集中荷载作用时，洞边补强钢筋可按标准构造的规定设置，设计不注，如图 7-20 和图 7-21 所示（来自 12G901-1 第 136 页）。

当洞口周边加强钢筋不伸至支座时，应在图中画出所有加强钢筋，并标注不伸至支座的钢筋长度。当具体工程所需的补强钢筋与标准构造不同时，设计应加以注明。

当矩形洞口边长或圆形洞口直径大于 1000 mm，或虽小于或等于 1000 mm 但洞边有集中荷载作用时，设计应根据具体情况采取相应的处理措施。

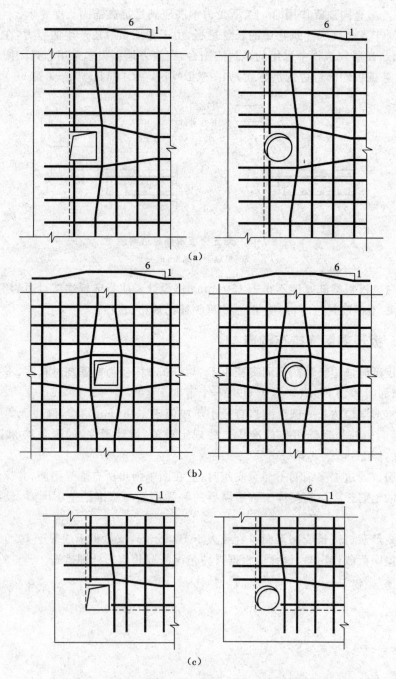

**图 7-19　板开洞与洞边加强钢筋排布构造(洞边无集中荷载)**

(a)板边开洞;(b)板中开洞;(c)板角边开洞

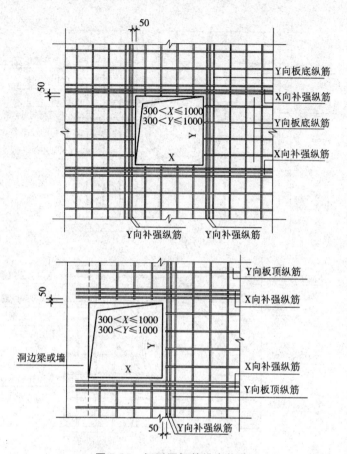

图 7-20 矩形洞钢筋排布构造

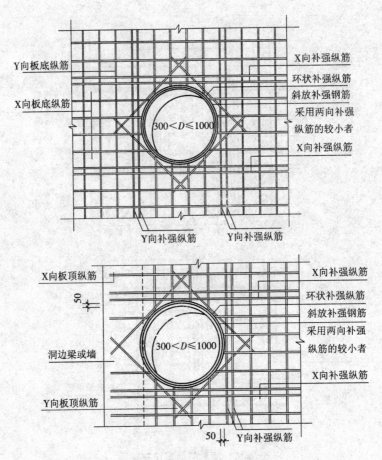

**图 7-21 圆形洞钢筋排布构造**

# 7.3 板构件钢筋计算实例

**【例 7-1】**

图 7-22 为板平法施工图。梁、板混凝土的强度等级为 C30,所在环境类别为一类,板保护层厚度为 15 mm,梁保护层厚度为 20 mm,所有梁宽 $b$ 均为 300 mm,梁上部纵筋类别为 HRB400,直径 20 mm,梁中箍筋直径为 8 mm。未注明的板分布筋为 HRB400,直径为 8 mm,间距 250 mm。计算板中受力钢筋和分布钢筋的长度及根数。

**【解】**

(1) 板下部钢筋

1) LB1—1、LB1—4 板底筋 X 方向单根钢筋长度(即⑨号钢筋在①~②轴线间的长度):

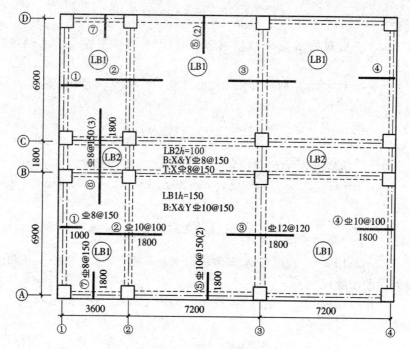

**图 7-22　板平法施工图**

$$l_n + \max(5d_板, b/2) \times 2 = 3600 - 300 + 150 \times 2 = 3600(\text{mm})$$

根数：

$$\frac{6900 - 300 - 150}{150} + 1 = 44(\text{根})$$

2）LB1—1、LB1—4 板底筋 Y 方向单根钢筋长度（即⑩号钢筋长度）：

$$l_n + \max(5d_板, b/2) \times 2 = 6900 - 300 + 150 \times 2 = 6900(\text{mm})$$

根数：

$$\frac{3600 - 300 - 150}{150} + 1 = 22(\text{根})$$

3）LB1—2、LB1—3、LB1—5、LB1—6 板底筋 X 方向单根钢筋长度（即⑨号钢筋在②和③及③和④轴线间的长度）：

$$l_n + \max(5d_板, b/2) \times 2 = 7200 - 300 + 150 \times 2 = 7200(\text{mm})$$

根数：

$$\frac{6900 - 300 - 150}{150} + 1 = 44(\text{根})$$

4）LB1—2、LB1—3、LB1—5、LB1—6 板底筋 Y 方向单根钢筋长度（即⑩号钢筋长度）：

$$l_n + \max(5d_板, b/2) \times 2 = 6900 - 300 + 150 \times 2 = 6900(\text{mm})$$

根数：

$$\frac{7200-300-150}{150}+1=46（根）$$

5) LB2－1 板底筋 X 方向单根钢筋长度（即⑨号钢筋在①～②轴线间的长度）：

$$l_n+\max(5d_{板},b/2)\times2=3600-300+150\times2=3600（mm）$$

根数：

$$\frac{1800-300-150}{150}+1=10（根）$$

6) LB2－1 板底筋 Y 方向单根钢筋长度（即⑪号钢筋长度）：

$$l_n+\max(5d_{板},b/2)\times2=1800-300+150\times2=1800（mm）$$

根数：

$$\frac{3600-300-150}{150}+1=22（根）$$

7) LB2－2、LB2－3 板底筋 X 方向单根钢筋长度（即⑨号钢筋在②和③及③和④轴线间的长度）：

$$l_n+\max(5d_{板},b/2)\times2=7200-300+150\times2=7200（mm）$$

根数：

$$\frac{1800-300-150}{150}+1=10（根）$$

8) LB2－2、LB2－3 板底筋 Y 方向单根钢筋长度（即⑪号钢筋长度）：

$$l_n+\max(5d_{板},b/2)\times2=1800-300+150\times2=1800（mm）$$

根数：

$$\frac{7200-300-150}{150}+1=46（根）$$

(2) 板上部钢筋

1) LB2－1、LB2－2、LB2－3 板底筋 X 方向单根钢筋长度（即⑧号钢筋长度）：

$$7200\times2+3600+300-20\times2-d_{梁箍}\times2-d_{梁角}\times2+2\times15d_{板}=18\ 444（mm）$$

根数：

$$\frac{1800-300-150}{150}+1=10（根）$$

2) ①号负筋：①轴/Ⓐ～Ⓑ轴，①轴/Ⓒ～Ⓓ轴。

支座负筋单根钢筋长度：

$$1000+150-20-d_{梁箍}-d_{梁角}+15d_{板}+150-15-15=1342（mm）$$

（式中 150－15－15 为负筋直弯长度，即板厚减上下钢筋保护层）

根数：

$$\frac{6900-300-150}{150}+1=44（根）$$

支座负筋分布单根钢筋长度：

$$6900-1800-1800+2\times150=3600(mm)$$

（式中 150 为分布筋与板角部⑥及⑦号钢筋的搭接长度）

根数：

$$\frac{1000-150-125}{250}+1=4（根）$$

3）②号负筋：②轴/Ⓐ～Ⓑ轴，②轴/Ⓒ～Ⓓ轴。

支座负筋单根钢筋长度：

$$1800\times2+2\times(150-15-15)=3840(mm)$$

根数：

$$\frac{6900-300-100}{100}+1=66（根）$$

支座负筋分布单根钢筋长度：

$$6900-1800-1800+2\times150=3600(mm)$$

一侧根数：

$$\frac{1800-150-125}{250}+1=8（根）$$

两侧根数：

$$2\times8=16（根）$$

4）③号负筋：③轴/Ⓐ～Ⓑ轴，③轴/Ⓒ～Ⓓ轴。

支座负筋单根钢筋长度：

$$1800\times2+2\times(150-15-15)=3840(mm)$$

根数：

$$\frac{6900-300-120}{120}+1=55（根）$$

支座负筋分布单根钢筋长度：

$$6900-1800-1800+2\times150=3600(mm)$$

一侧根数：

$$\frac{1800-150-125}{250}+1=8（根）$$

两侧根数：

$$2\times8=16（根）$$

5）④号负筋：④轴/Ⓐ～Ⓑ轴，④轴/Ⓒ～Ⓓ轴。

支座负筋单根钢筋长度：

$$1800+150-20-d_{梁箍}-d_{梁角}+15d_{板}+150-15-15=2172(mm)$$

根数：

$$\frac{6900-300-100}{100}+1=66（根）$$

支座负筋分布单根钢筋长度：
$$6900-1800-1800+2×150=3600(\text{mm})$$

根数：
$$\frac{1800-150-125}{250}+1=8(根)$$

6）⑤号负筋：Ⓐ轴/②～③轴，Ⓐ轴/③～④轴，Ⓓ轴/②～③轴，Ⓓ轴/③～④轴。

支座负筋单根钢筋长度：
$$1800+150-20-d_{梁箍}-d_{梁角}+15d_{板}+150-15-15=2172(\text{mm})$$

根数：
$$\frac{7200-300-150}{150}+1=46(根)$$

支座负筋分布单根钢筋长度：
$$7200-1800-1800+2×150=3900(\text{mm})$$

根数：
$$\frac{1800-150-125}{250}+1=8(根)$$

7）⑥号负筋：Ⓑ轴/Ⓒ轴。

跨板支座负筋单根钢筋长度：
$$1800+1800×2+2×(150-15-15)=5640(\text{mm})$$

根数：
$$\frac{3600-300-150}{150}+1+\left(\frac{7200-300-150}{150}+1\right)×2=114(根)$$

支座负筋分布筋长度（①～②轴）：
$$3600-1000-1800+2×150=1100(\text{mm})$$

支座负筋分布筋长度（②～③轴，③～④轴）：
$$7200-1800-1800+2×150=3900(\text{mm})$$

单板一侧根数：
$$\frac{1800-150-125}{250}+1=8(根)$$

8）⑦号负筋：Ⓐ轴/①～②轴，Ⓓ轴/①～②轴。

支座负筋单根钢筋长度：
$$1800+150-20-d_{梁箍}-d_{梁角}+15d_{板}+150-15-15=2172(\text{mm})$$

根数：
$$\frac{3600-300-150}{150}+1=22(根)$$

支座负筋分布单根钢筋长度：

$$3600-1000-1800+2\times150=1100(\mathrm{mm})$$

根数：

$$\frac{1800-150-125}{250}+1=8(根)$$

**【例 7-2】**

如图 7-23 所示，板 LB1 的集中标注为

$$LB1 \quad h=100$$
$$B:X\&Y\phi8@150$$
$$T:X\&Y\phi8@150$$

LB1 的大边尺寸为 3500 mm×7000 mm，在板的左下角设有两个并排的电梯井（尺寸为 2400 mm×4800 mm）。该板右边的支座为框架梁 KL3（250 mm×650 mm），板的其余各边均为剪力墙结构（厚度为 280 mm），混凝土强度等级 C25，二级抗震等级。墙身水平分布筋直径为 14 mm，KL3 上部纵筋直径为 20 mm。计算板的上部贯通纵筋。

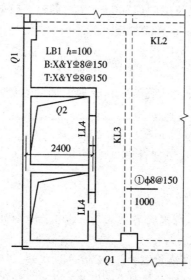

**图 7-23　板 LB1 示意**

**【解】**

（1）X 方向的上部贯通纵筋计算

1）长筋。

① 钢筋长度计算。

（轴线跨度 3500 mm；左支座为剪力墙，厚度 280 mm；右支座为框架梁，宽度 250 mm）

$$左支座直锚长度=l_a=27d=27\times8=216(\mathrm{mm})$$

右支座直锚长度＝250－25－20＝205(mm)

上部贯通纵筋的直段长度＝(3500－150－125)＋216＋205＝3646(mm)

右支座弯钩长度＝$l_a$－直锚长度＝27d－205＝27×8－205＝11(mm)

上部贯通纵筋的左端无弯钩。

② 钢筋根数计算。

(轴线跨度2100 mm；左端到250 mm剪力墙的右侧；右端到280 mm框架梁的左侧)

钢筋根数＝[(2100－125－150)＋21＋37.5]/150＝13(根)

2) 短筋。

① 钢筋长度计算。

(轴线跨度1200 mm；左支座为剪力墙，厚度为250 mm；右支座为框架梁，宽度250 mm)

左支座直锚长度＝$l_a$＝27d＝27×8＝216(mm)

右支座直锚长度＝250－25－20＝205(mm)

上部贯通纵筋的直段长度＝(1200－125－125)＋216＋205＝1371(mm)

右支座弯钩长度＝$l_a$－直锚长度＝27d－205＝27×8－205＝11(mm)

上部贯通纵筋的左端无弯钩。

② 钢筋根数计算。

(轴线跨度4800 mm；左端到280 mm剪力墙的右侧；右端到250 mm剪力墙的左侧)

钢筋根数＝[(4800－150＋125)＋21－21]/150＝32(根)

(2) Y方向的上部贯通纵筋计算

1) 长筋。

① 钢筋长度计算。

(轴线跨度7000 mm；左支座为剪力墙，厚度280 mm；右支座为框架梁，宽度280 mm)

左支座直锚长度＝$l_a$＝27d＝27×8＝216(mm)

右支座直锚长度＝$l_a$＝27d＝27×8＝216(mm)

上部贯通纵筋的直段长度＝(7000－150－150)＋216＋216＝7132(mm)

上部贯通纵筋的两端无弯钩。

② 钢筋根数计算。

(轴线跨度1200 mm；左支座为剪力墙，厚度250 mm；右支座为框架梁，宽度250 mm)

钢筋根数＝[(1200－125－125)＋21＋36]/150＝7(根)

2) 短筋。

① 钢筋长度计算。

（轴线跨度 2100 mm；左支座为剪力墙，厚度 250 mm；右支座为框架梁，宽度 280 mm）

$$左支座直锚长度 = l_a = 27d = 27 \times 8 = 216 \text{(mm)}$$

$$右支座直锚长度 = l_a = 27d = 27 \times 8 = 216 \text{(mm)}$$

上部贯通纵筋的直段长度 $= (2100 - 125 - 150) + 216 + 216 = 2257 \text{(mm)}$

上部贯通纵筋的两端无弯钩。

② 钢筋根数计算。

（轴线跨度 2400 mm；左支座为剪力墙，厚度 280 mm；右支座为框架梁，宽度 250 mm）

$$钢筋根数 = [(2400 - 150 + 125) + 21 - 21]/150 = 16 \text{(根)}$$

# 8 板式楼梯

## 8.1 板式楼梯的识图

### 8.1.1 板式楼梯平面注写方式

平面注写方式,系在楼梯平面布置图上注写截面尺寸和配筋具体数值的方式来表达楼梯施工图。包括集中标注和外围标注。

**1.集中标注**

楼梯集中标注的内容包括:

1)梯板类型代号与序号,如 AT××。

2)梯板厚度,注写方式为 $h=\times\times\times$。当为带平板的梯板且梯段板厚度和平板厚度不同时,可在梯段板厚度后面括号内以字母 P 打头注写平板厚度。

3)踏步段总高度和踏步级数,之间以"/"分隔。

4)梯板支座上部纵筋、下部纵筋,之间以";"分隔。

5)梯板分布筋,以 F 打头注写分布钢筋具体值,该项也可在图中统一说明。

**2.外围标注**

楼梯外围标注的内容,包括楼梯间的平面尺寸、楼层结构标高、层间结构标高、楼梯的上下方向、梯板的平面几何尺寸、平台板配筋、梯梁及梯柱配筋等。

### 8.1.2 板式楼梯剖面注写方式

剖面注写方式需在楼梯平法施工图中绘制楼梯平面布置图和楼梯剖面图,注写方式分平面注写、剖面注写两部分。

**1.平面注写**

楼梯平面布置图注写内容,包括楼梯间的平面尺寸、楼层结构标高、层间结构标高、楼梯的上下方向、梯板的平面几何尺寸、梯板类型及编号、平台板配筋、梯梁及梯柱配筋等。

**2.剖面注写**

楼梯剖面图注写内容,包括梯板集中标注、梯梁梯柱编号、梯板水平及竖向尺寸、楼层结构标高、层间结构标高等。

梯板集中标注的内容包括:

1)梯板类型及编号,如 AT××。

2）梯板厚度，注写方式为 $h=\times\times\times$。当梯板由踏步段和平板构成，且踏步段梯板厚度和平板厚度不同时，可在梯板厚度后面括号内以字母 P 打头注写平板厚度。

3）梯板配筋。注明梯板上部纵筋和梯板下部纵筋，用分号";"将上部与下部纵筋的配筋值分隔开来。

4）梯板分布筋，以 F 打头注写分布钢筋具体值，该项也可在图中统一说明。

### 8.1.3 板式楼梯列表注写方式

列表注写方式，系用列表方式注写梯板截面尺寸和配筋具体数值的方式来表达楼梯施工图。

列表注写方式的具体要求同剖面注写方式，仅将剖面注写方式中的梯板集中标注下的梯板配筋注写项改为列表注写项即可。

梯板列表格式见表 8-1。

表 8-1 梯板几何尺寸和配筋

| 梯板编号 | 踏步段总高度/踏步级数 | 板厚 $h$ | 上部纵向钢筋 | 下部纵向钢筋 | 分布筋 |
|---|---|---|---|---|---|
|  |  |  |  |  |  |
|  |  |  |  |  |  |

# 8.2 楼梯梯板钢筋构造

## 8.2.1 AT～HT 型楼梯梯板钢筋构造

AT～HT 型楼梯梯板钢筋构造如图 8-1 至图 8-8 所示（来自 12G901－2 第 10 ～19 页）。

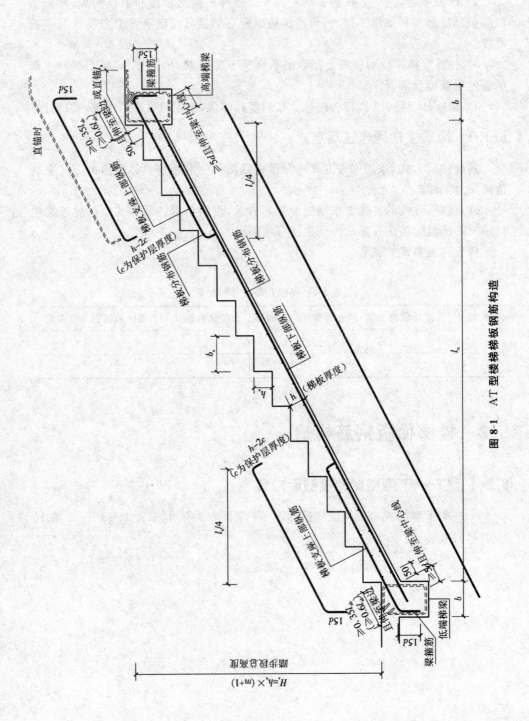

图 8-1　AT 型楼梯梯板钢筋构造

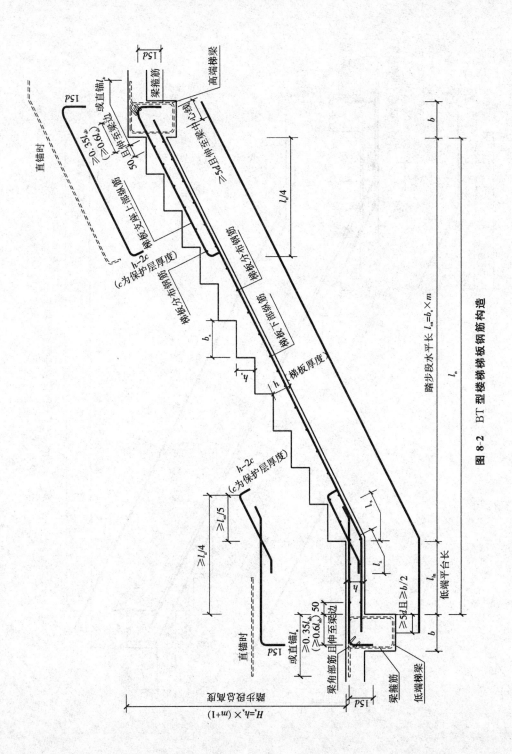

图 8-2 BT 型楼梯梯板钢筋构造

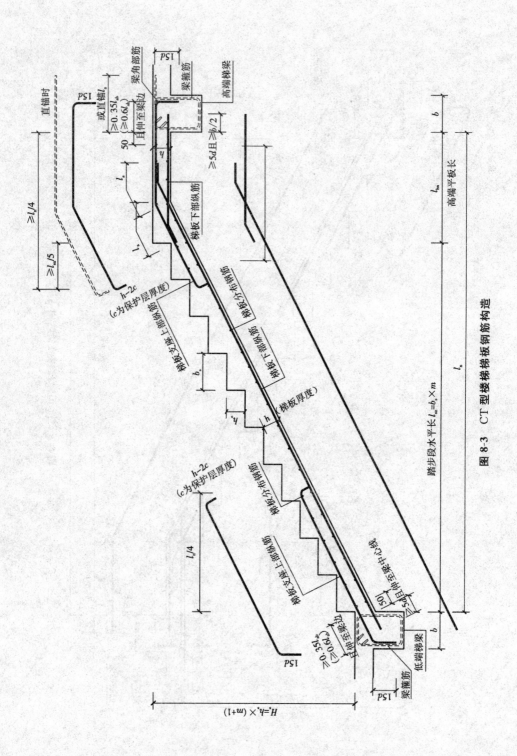

图 8-3 CT型楼梯梯板钢筋构造

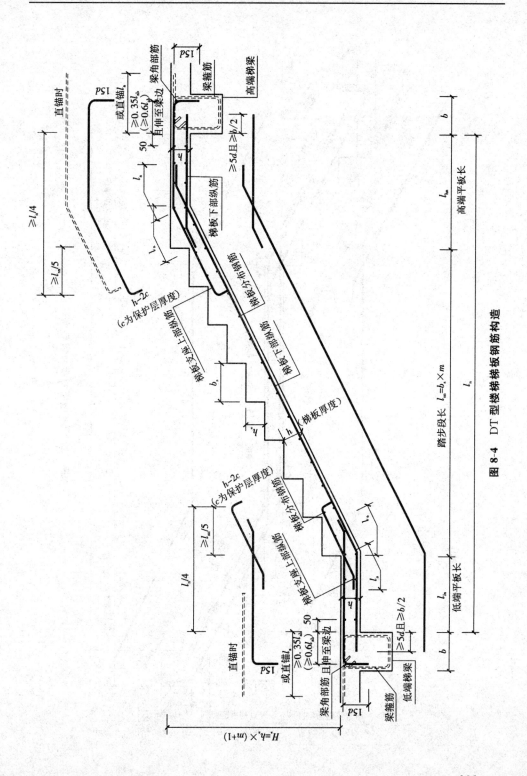

图 8-4 DT 型楼梯梯板钢筋构造

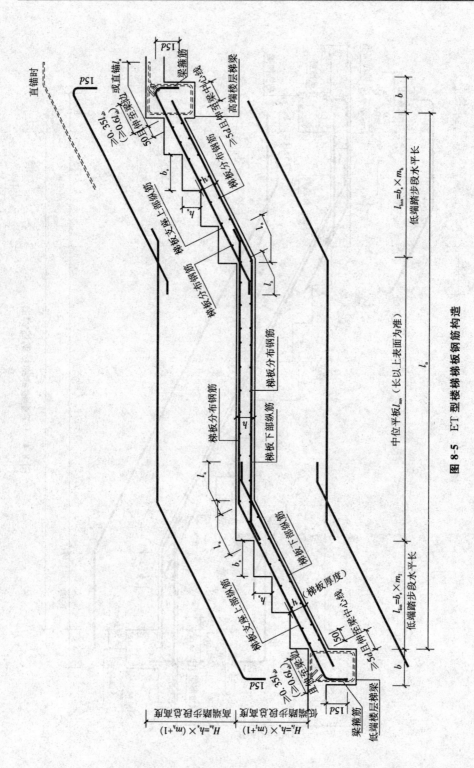

图 8-5  ET 型楼梯板钢筋构造

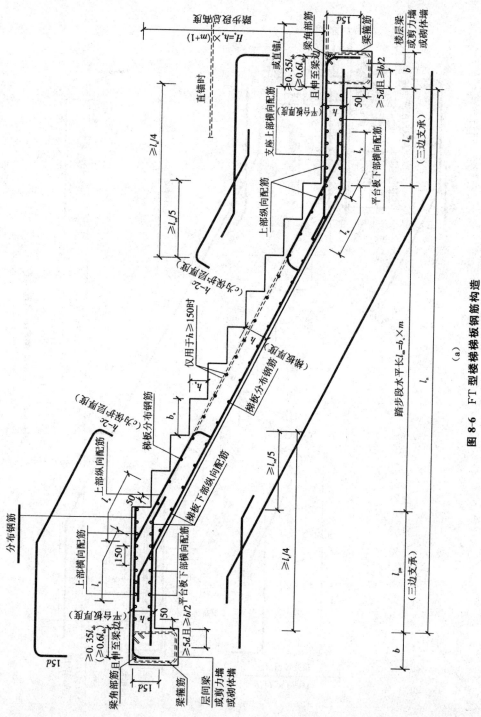

图 8-6 FT型楼梯梯板钢筋构造

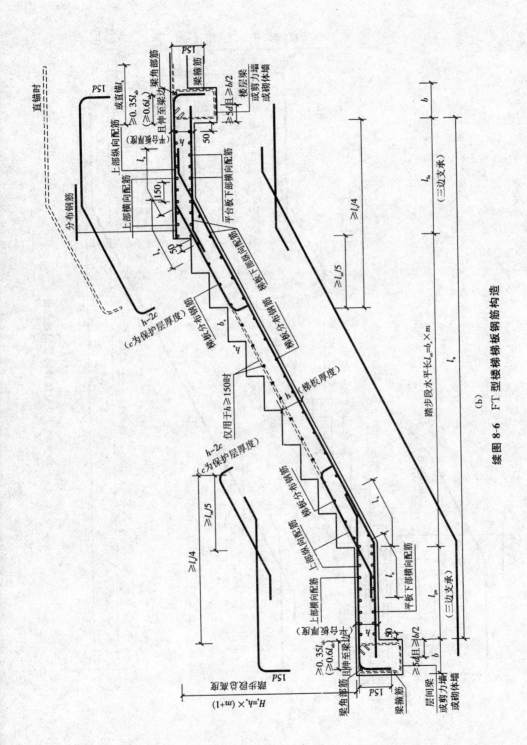

(b)

续图 8-6 FT型楼梯梯板钢筋构造

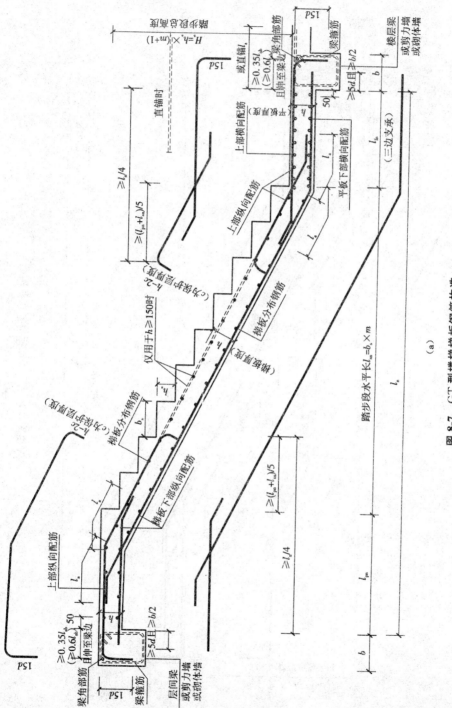

图 8-7　GT 型楼梯梯板钢筋构造

(a)

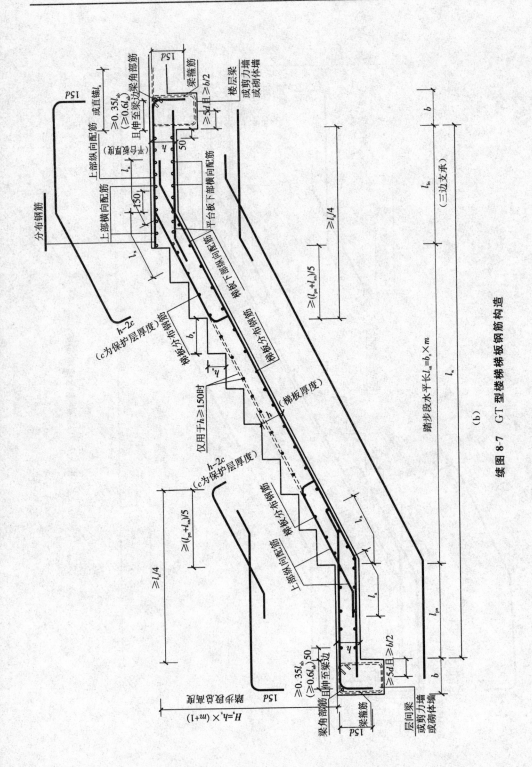

（b）

续图 8-7　GT 型楼梯梯板钢筋构造

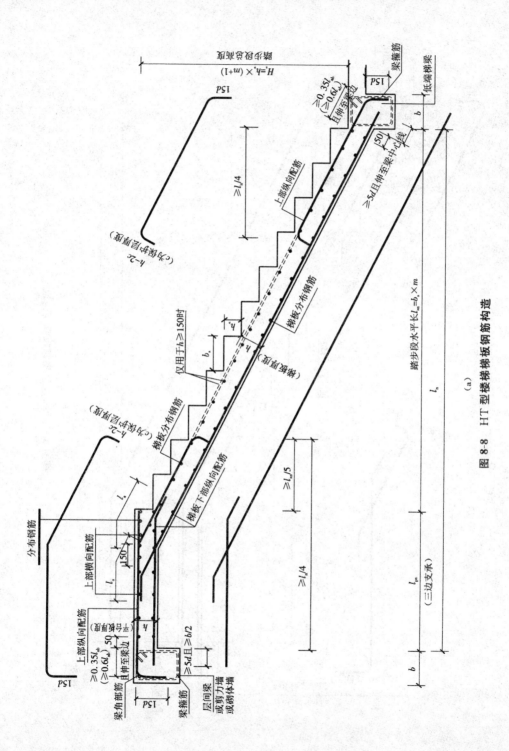

图 8-8 HT 型楼梯梯板钢筋构造

(a)

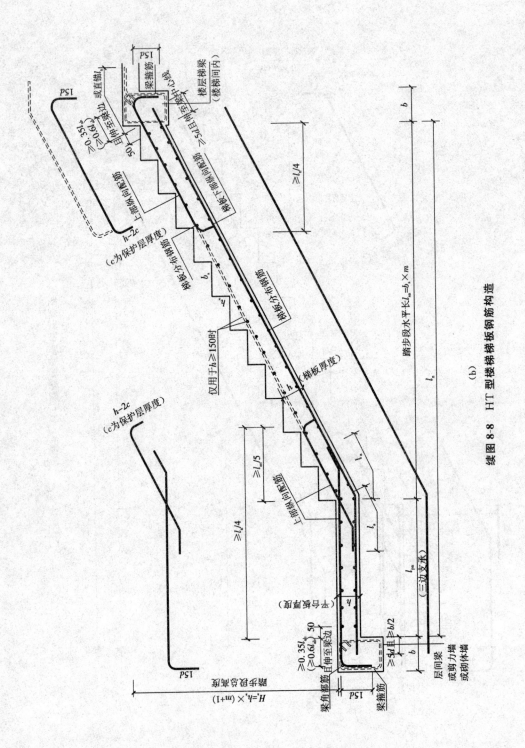

续图 8-8 HT 型楼梯梯板钢筋构造

(b)

1）梯板踏步段内斜放钢筋长度的计算方法：

$$钢筋斜长＝水平投影长度×k$$

$$k=\frac{\sqrt{b_s^2+h_s^2}}{b_s}$$

2）上部纵筋需伸至支座对边再向下弯折。图中上部纵筋锚固长度 $0.35l_{ab}$ 用于设计按铰接的情况，括号内数据 $0.6l_{ab}$ 用于设计考虑充分发挥钢筋抗拉强度的情况，具体工程中设计应指明采用何种情况。

3）有条件时上部纵筋宜直接伸入平台板内锚固或与平台钢筋合并，从支座内边算起总锚固长度不小于 $l_a$，如图中虚线所示。

4）踏步两头高度调整如图 8-9 所示（来自 12G901－2 第 26 页）。

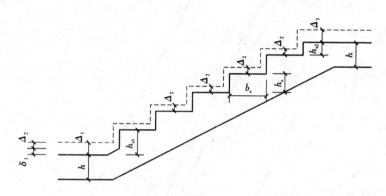

**图 8-9　不同踏步位置推高与高度减小构造**

$\delta_1$—第一级与中间各级踏步整体竖向推高值；$h_{s1}$—第一级（推高后）踏步的结构高度

$h_{s2}$—最上一级（减小后）踏步的结构高度；$\Delta_1$—第一级踏步根部面层厚度

$\Delta_2$—中间各级踏步的面层厚度；$\Delta_3$—最上一级踏步（板）面层厚度

5）在实际楼梯施工中，由于踏步段上下两端板的建筑面层厚度不同，为使面层完工后各级踏步等高等宽，必须减小最上一级踏步的高度并将其余踏步整体斜向推高，整体推高的（垂直）高度值 $\delta_1=\Delta_1-\Delta_2$，高度减小后的最上一级踏步高度 $h_{s2}=h_s-(\Delta_3-\Delta_2)$，最下一步踏步高度 $h_{s1}=h_s+\delta_1$。

## 8.2.2　ATa、ATb 型与 ATc 型楼梯梯板钢筋构造

ATa～ATc 型楼梯梯板钢筋构造如图 8-10 至图 8-12 所示（来自 12G901－2 第 21～23 页）。

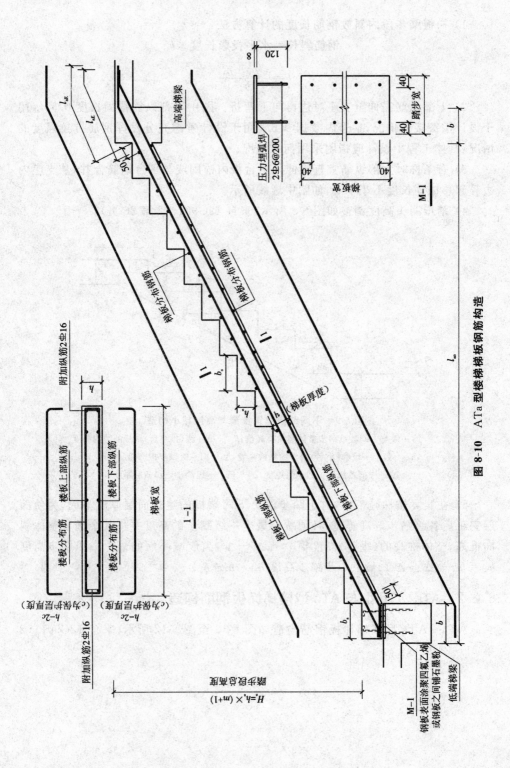

图 8-10 ATa 型楼梯梯板钢筋构造

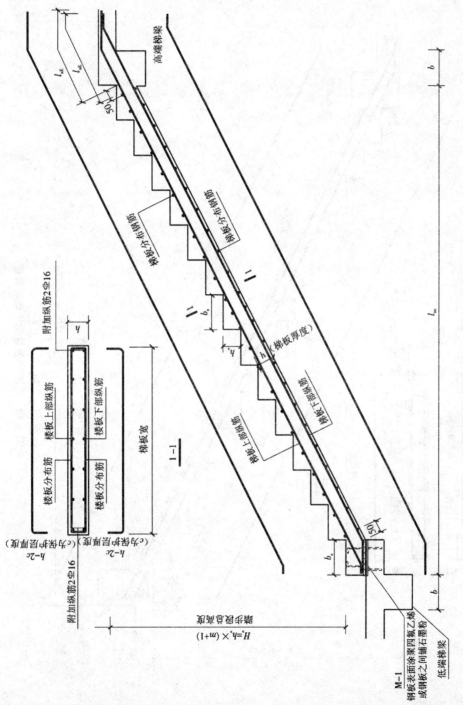

图 8-11 ATb 型楼梯梯板钢筋构造

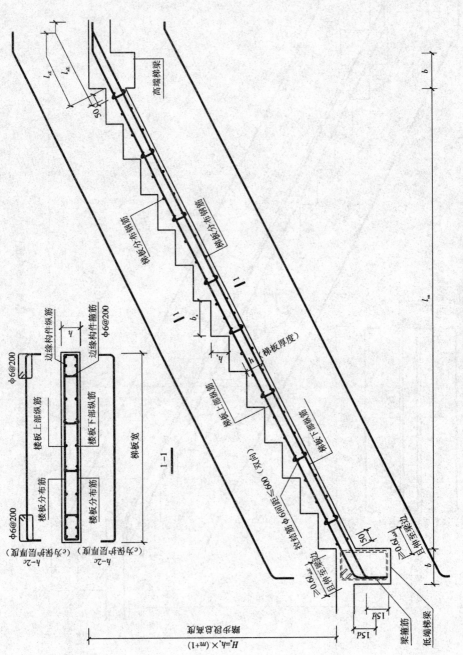

图 8-12 ATc 型楼梯梯板钢筋构造

1) 梯板踏步段内斜放钢筋长度的计算方法：

$$钢筋斜长 = 水平投影长度 \times k$$

$$k = \frac{\sqrt{b_s^2 + h_s^2}}{b_s}$$

2) 踏步两头高度调整如图 8-9 所示。

### 8.2.3    楼梯楼层、层间平台板钢筋构造

楼梯楼层、层间平台板钢筋构造如图 8-13 所示（来自 12G901—2 第 25 页）。

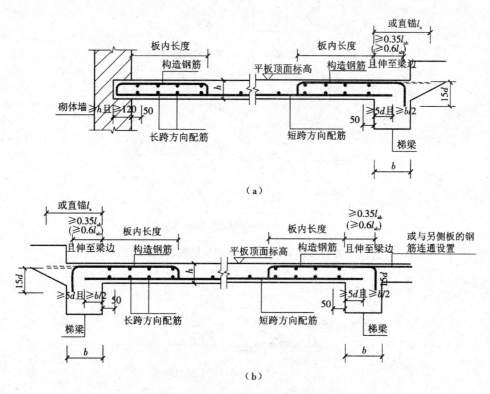

**图 8-13    楼梯楼层、层间平台板钢筋构造**

（a）板长跨方向嵌固在砌体墙内，其支座配筋构造与左边支座相同；

（b）板长跨方向与混凝土梁或剪力墙浇筑到一起时，其支座配筋构造与右边支座相同

上部纵筋需伸至支座对边再向下弯折。图中上部纵筋锚固长度 $0.35l_{ab}$ 用于设计按铰接的情况，括号内数据 $0.6l_{ab}$ 用于设计考虑充分发挥钢筋抗拉强度的情况，具体工程中设计应指明采用何种情况。

### 8.2.4    楼梯与基础连接构造

楼梯第一跑一般与砌体基础、地梁或钢筋混凝土基础底板相连。各型楼梯第

一跑与基础连接构造如图 8-14 至图 8-17 所示(来自 11G101－2 第 46 页)。

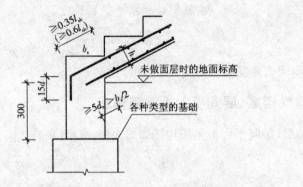

**图 8-14　各型楼梯第一跑与基础连接构造一**

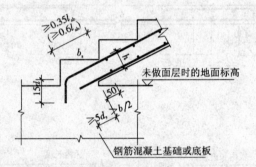

**图 8-15　各型楼梯第一跑与基础连接构造二**

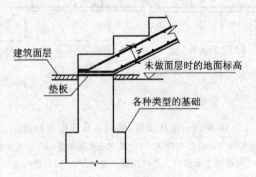

**图 8-16　各型楼梯第一跑与基础连接构造三**
(用于滑动支座)

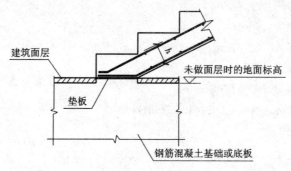

**图 8-17　各型楼梯第一跑与基础连接构造四**

(用于滑动支座)

# 8.3　板式楼梯钢筋计算实例

【例 8-1】

AT1 的平面布置图如图 8-18 所示。混凝土强度为 C30,梯梁宽度 $b=200$ mm。求 AT1 中各钢筋。

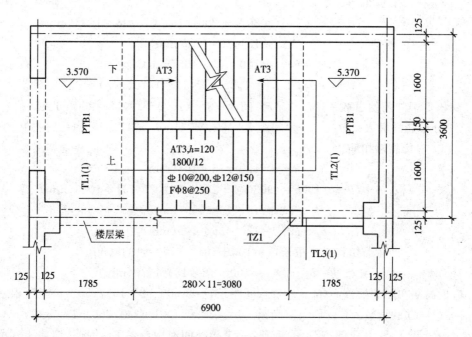

**图 8-18　AT1 平面布置图**

【解】

(1) AT 楼梯板的基本尺寸数据

1）楼梯板净跨度 $l_n = 3080$ mm；

2）梯板净宽度 $b_n = 1600$ mm；

3）梯板厚度 $h = 120$ mm；

4）踏步宽度 $b_s = 280$ mm；

5）踏步总高度 $H_s = 1800$ mm；

6）踏步高度 $h_s = 1800/12 = 150$（mm）；

（2）计算步骤

1）斜坡系数 $k = \sqrt{h_s^2 + b_s^2} = \sqrt{150^2 + 280^2} = 1.134$

2）梯板下部纵筋以及分布筋。

① 梯板下部纵筋。

$$长度\ l = l_n \times k + 2 \times a = 3080 \times 1.134 + 2 \times \max(5d, b/2)$$
$$= 3080 \times 1.134 + 2 \times \max(5 \times 12, 200/2) = 3693 (mm)$$

$$根数 = (b_n - 2 \times c)/间距 + 1 = (1600 - 2 \times 15)/150 + 1 = 12（根）$$

② 分布筋。

$$长度 = b_n - 2 \times c = 1600 - 2 \times 15 = 1570 (mm)$$

$$根数 = (l_n \times k - 50 \times 2)/间距 + 1 = (3080 \times 1.134 - 50 \times 2)/250 + 1 = 15（根）$$

3）梯板低端扣筋。

$$l_1 = [l_n/4 + (b - c)] \times k = (3080/4 + 200 - 15) \times 1.134 = 1083 (mm)$$

$$l_2 = 15d = 15 \times 10 = 150 (mm)$$

$$h_1 = h - c = 120 - 15 = 105 (mm)$$

$$分布筋 = b_n - 2 \times c = 1600 - 2 \times 15 = 1570 (mm)$$

$$梯板低端扣筋的根数 = (b_n - 2 \times c)/间距 + 1 = (1600 - 2 \times 15)/250 + 1 = 5（根）$$

$$分布筋的根数 = (l_n/4 \times k)/间距 + 1 = (3080/4 \times 1.134)/250 + 1 = 5（根）$$

4）梯板高端扣筋。

$$h_1 = h - c = 120 - 15 = 105 (mm)$$

$$l_1 = [l_n/4 + (b - c)] \times k = (3080/4 + 200 - 15) \times 1.134 = 1083 (mm)$$

$$l_2 = 15d = 15 \times 10 = 150 (mm)$$

$$h_1 = h - c = 120 - 15 = 105 (mm)$$

$$高端扣紧的每根长度 = 105 + 1083 + 150 = 1338 (mm)$$

$$分布筋 = b_n - 2 \times c = 1600 - 2 \times 15 = 1570 (mm)$$

$$梯板高端扣筋的根数 = (b_n - 2 \times c)/间距 + 1 = (1600 - 2 \times 15)/150 + 1 = 12（根）$$

$$分布筋的根数 = (l_n/4 \times k)/间距 + 1 = (3080/4 \times 1.134)/250 + 1 = 5（根）$$

上面只计算了一跑 AT1 的钢筋，一个楼梯间有两跑 AT1，因此，应将上述数据乘以 2。

# 参考文献

[1] 中国建筑标准设计研究院. 11G101-1 混凝土结构施工图平面整体表示方法制图规则和构造详图(现浇混凝土框架、剪力墙、梁、板)[S]. 北京:中国计划出版社,2011.

[2] 中国建筑标准设计研究院. 11G101-2 混凝土结构施工图平面整体表示方法制图规则和构造详图(现浇混凝土板式楼梯)[S]. 北京:中国计划出版社,2011.

[3] 中国建筑标准设计研究院. 11G101-3 混凝土结构施工图平面整体表示方法制图规则和构造详图(独立基础、条形基础、筏形基础及桩基承台)[S]. 北京:中国计划出版社,2011.

[4] 中国建筑标准设计研究院. 12G901-1 混凝土结构施工钢筋排布规则与构造详图(现浇混凝土框架、剪力墙、梁、板)[S]. 北京:中国计划出版社,2012.

[5] 中国建筑标准设计研究院. 12G901-2 混凝土结构施工钢筋排布规则与构造详图(现浇混凝土板式楼梯)[S]. 北京:中国计划出版社,2012.

[6] 中国建筑标准设计研究院. 12G901-3 混凝土结构施工钢筋排布规则与构造详图(独立基础、条形基础、筏形基础、桩基承台)[S]. 北京:中国计划出版社,2012.

[7] 中华人民共和国住房和城乡建设部,中华人民共和国国家质量监督检验检疫总局. GB 50010—2010 混凝土结构设计规范[S]. 北京:中国建筑工业出版社,2011.

[8] 中华人民共和国住房和城乡建设部,中华人民共和国国家质量监督检验检疫总局. GB 50011—2010 建筑抗震设计规范[S]. 北京:中国建筑工业出版社,2010.